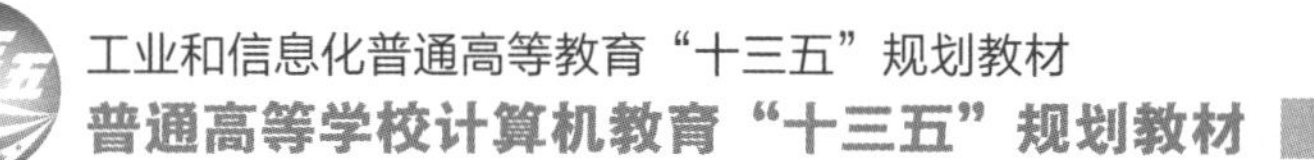

工业和信息化普通高等教育“十三五”规划教材

普通高等学校计算机教育“十三五”规划教材

Office 2010 办公自动化案例教程

Office 2010 Automation Case Course

微课版

肖朝晖 洪雄 曾庆森 编著

人 民 邮 电 出 版 社

北 京

图书在版编目（CIP）数据

Office 2010办公自动化案例教程 ：微课版 / 肖朝晖，洪雄，曾庆森编著. -- 北京 ：人民邮电出版社，2018.9（2022.7重印）
普通高等学校计算机教育“十三五”规划教材
ISBN 978-7-115-48618-9

Ⅰ. ①O… Ⅱ. ①肖… ②洪… ③曾… Ⅲ. ①办公自动化－应用软件－高等学校－教材 Ⅳ. ①TP317.1

中国版本图书馆CIP数据核字(2018)第169664号

内 容 提 要

本书根据《关于进一步加强高校计算机基础教学的意见》中有关“大学计算机基础”课程的教学基本要求及加强计算机办公能力要求编写而成。全书共3章，主要内容包括办公软件Office 2010中的文字处理软件Word 2010、电子表格软件Excel 2010和演示文稿软件PowerPoint 2010。本书适应信息化、数字化的发展趋势，突出案例化、实用化，使读者快速掌握Office的技能，同时满足全国计算机等级考试（二级）的要求。

本书适合作为大学本科及高职院校计算机公共基础课程的教材，也可作为全国计算机等级考试（二级）的培训教材。

◆ 编　　著　肖朝晖　洪　雄　曾庆森
　责任编辑　张　斌
　责任印制　彭志环

◆ 人民邮电出版社出版发行　　北京市丰台区成寿寺路11号
　邮编　100164　　电子邮件　315@ptpress.com.cn
　网址　http://www.ptpress.com.cn
　北京隆昌伟业印刷有限公司印刷

◆ 开本：787×1092　1/16
　印张：10.75　　　　2018年9月第1版
　字数：248千字　　　2022年7月北京第7次印刷

定价：45.00元

读者服务热线：(010)81055256　印装质量热线：(010)81055316
反盗版热线：(010)81055315

前言 FOREWORD

本书根据教育部高等学校非计算机专业计算机基础课程教学指导分委员会和教育部高等学校文科计算机基础课程教学指导分委员会提出的《关于进一步加强高校计算机基础教学的意见》中有关“大学计算机基础”课程的教学基本要求，及全国计算机等级考试（二级）的要求编写而成。

本书共分为 3 章：第 1 章是文字处理软件 Word 2010；第 2 章是电子表格软件 Excel 2010；第 3 章是演示文稿软件 PowerPoint 2010。本书的内容是计算机基础课程教学的基础和重点，目标是提高学生的应用能力，即熟练掌握现代计算机办公自动化应用软件的能力，为学生后续学习其他专业课程夯实基础，最终培养学生熟练地应用计算机辅助解决各专业领域问题的能力和技巧。

本书精选实用的教学案例，通过案例引导，微课化讲解，使读者快速熟练掌握 Office 2010 的操作，提高办公自动化水平。

本书可作为高等学校“大学计算机基础”等课程的教学及参考用书，也可作为全国计算机等级考试（二级）的培训用书，还可作为办公人员的参考书。

本书由重庆理工大学肖朝晖、洪雄、曾庆森、王艳、刘峰等编写，选用本书作为教材的高校教师可与作者联系获取无纸化考试系统试用。

由于编者水平有限，书中谬误之处在所难免，恳请读者批评指正。

编者 E-mail：1150272715@qq.com。

编者

2018 年 3 月

目 录 CONTENTS

01 第1章　文字处理软件 Word 2010

办公软件一般指可以进行文字处理、表格制作、幻灯片制作、简单数据库处理等方面工作的软件。常见的办公软件有微软 Office 系列、金山 WPS 系列、永中 Office 系列、红旗 2000（RedOffice）、协达 CTOP 协同 OA、致力协同 OA 系列等。办公软件的应用范围很广，大到社会统计，小到会议记录，数字化办公离不开办公软件的鼎力协助。目前办公软件朝着操作简单化、功能细化等方向发展，讲究大而全的 Office 系列和专注于某些功能深化的小软件并驾齐驱。另外，政府用的电子政务系统、税务部门用的税务系统、企业用的协同办公软件，这些都可以称为办公软件。

1.1　办公软件包的安装、启动与退出

1. 办公软件的安装

自动化办公软件中，最常用的是 WPS 和 MS Office，它们都包含 Access、Word、Excel、PowerPoint 等常用办公组件，因此安装 WPS 套件或 Office 套件即可。办公软件的安装一般有两种方式，即光盘安装或硬盘安装。光盘安装时，把购买的 WPS 或 MS Office 安装光盘放入计算机的光盘驱动器，安装程序会自动运行，用户根据屏幕提示进行相应的操作即可完成安装过程。硬盘安装是把 WPS 或 MS Office 安装光盘内容全部复制到硬盘上，或者从网上下载共享的安装光盘镜像文件保存到本地计算机上，从硬盘里直接运行安装程序，根据提示向导完成安装过程。当然，办公套装软件的安装还有其他的方法，如通过 Ghost 镜像还原操作方式、通过网络安装等方式均可。

2. 办公软件的启动

办公软件最常用的是组件 Word、Excel 和 PowerPoint，它们

的启动方式有如下几种。

（1）选择“开始”菜单→所有程序→ Office 相应的组件（Word、Excel、PowerPoint）。

（2）用鼠标双击桌面上的 Office 组件的快捷图标。

（3）直接找到 Word、Excel、PowerPoint 等 Office 文档，并双击文档图标，各文档将被相应关联的组件打开，或者在文档图标上单击鼠标右键，在弹出的快捷菜单中选择打开文档的方式。

（4）在资源管理器中（各文件夹下）找到 Office 组件的应用程序，打开程序后利用“文件”菜单或窗格中的“打开”命令，在弹出的对话中选择要打开的文档。

（5）选择“开始”菜单→“运行…”→输入组件名称（Office 组件的文件名）→单击“确定”按钮即可打开。运行命令对话框如图 1.1 所示。

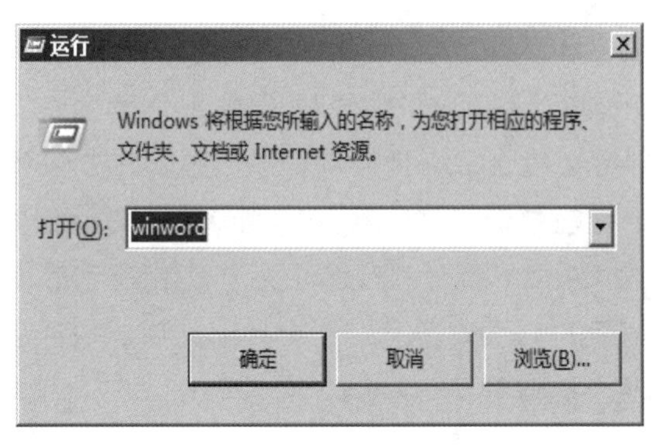

图 1.1 “运行命令”对话框

3. 办公软件的退出

无论是 WPS 还是 MS office，办公软件退出的方式同它们的启动一样也有很多种。

（1）选择文件菜单或文件窗格的“退出”命令。

（2）用鼠标双击工作界面“标题栏”最左端的控制图标，或者单击图标后，在弹出的菜单中选择“关闭”命令。

图 1.2 “关闭”按钮

（3）激活要关闭的文档窗口，直接按 Alt+F4 组合键。

（4）单击标题栏最右边的关闭按钮，如图 1.2 所示。

1.2 认识 Word 2010

Microsoft Office 是微软公司开发的一套基于 Windows 操作系统的办公软件套装，是最常用的办公软件之一。本书即以 Microsoft Office 2010 为例讲解办公软件的操作和应用。

Word 可以说是 Office 套件中的元老，也是用户使用最广泛的应用软件。它的主要功能是进行文字（或文档）的处理。Word 2010 与之前版本的最大变化是改进了用于创建专业品质文档的功能，提供了更加简单的方法来进行协同合作，几乎从任何位置都能访问自己的文件。具体的新功能包括：全新的导航搜索窗口、生动的文档视觉效果应用、更加安全的文档恢复功能、简单便捷的截图功能等。

本书将 Word 2010 分为基础部分、文档编辑部分、段落编辑部分、图表编辑部分进行介绍。

1.3　Word 文档的基本操作

Word 软件用来编辑和排版文字、图表等信息，形成各种不同类型的文档，如图书、论文、报纸、期刊、广告、海报、网页等。Word 2010 除了在上一版本的基础上增加了一些功能外，在主界面上也发生了较大的变化。

Word 2010 版本的主界面包括“文件”菜单按钮、快速访问工具栏、标题栏、选项标签、功能区、状态栏、视图切换按钮、水平滚动条和垂直滚动条，以及文档显示比例缩放。从主界面的操作来看，各个功能区显示的就是旧版本中的一些菜单命令，同时增加了一些操作按钮并提供更多的素材。Word 2010 版的工作界面如图 1.3 所示。

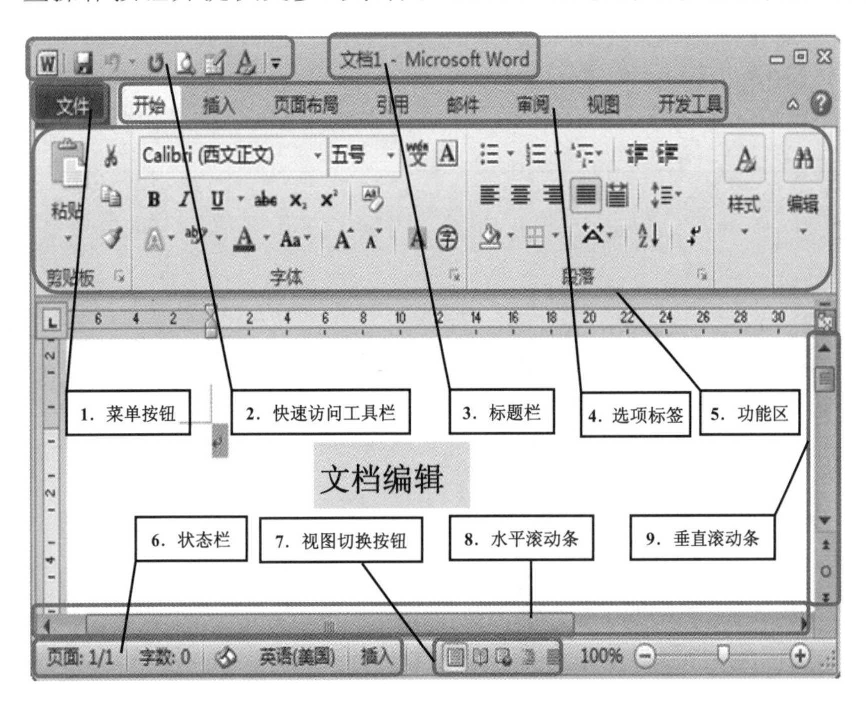

图 1.3　Word 2010 工作主界面

Microsoft Word 从 Word 2007 升级到 Word 2010，其最显著的变化就是使用“文件”按钮代替了 Word 2007 中的 Office 按钮，使用户更容易从 Word 2003 和 Word 2000 等旧版本中转移。另外，Word 2010 同样取消了传统的菜单操作方式，而代之于各种功能区。在 Word 2010 窗口上方看起来像菜单的名称其实是功能区的名称，当单击这些名称时并不会打开菜单，而是切换到与之相对应的功能。

1. Word 2010 功能区

每个功能区根据功能的不同又分为若干个组，每个功能区所拥有的功能如下所述。

（1）“开始”功能区

“开始”功能区中包括剪贴板、字体、段落、样式和编辑五个组，对应 Word 2003 的“编辑”和“段落”菜单部分命令。该功能区主要用于帮助用户对 Word 2010 文档进行文字编辑和格式设置，是用户最常用的功能区，如图 1.4 所示。

图 1.4 “开始”功能区

（2）“插入”功能区

“插入”功能区包括页、表格、插图、链接、页眉和页脚、文本、符号等组，对应 Word 2003 中“插入”菜单的部分命令，主要用于在 Word 2010 文档中插入各种元素，如图 1.5 所示。

图 1.5 “插入”功能区

（3）“页面布局”功能区

“页面布局”功能区包括主题、页面设置、稿纸、页面背景、段落、排列等组，对应 Word 2003 的“页面设置”菜单命令和“段落”菜单中的部分命令，用于帮助用户设置 Word 2010 文档页面样式，如图 1.6 所示。

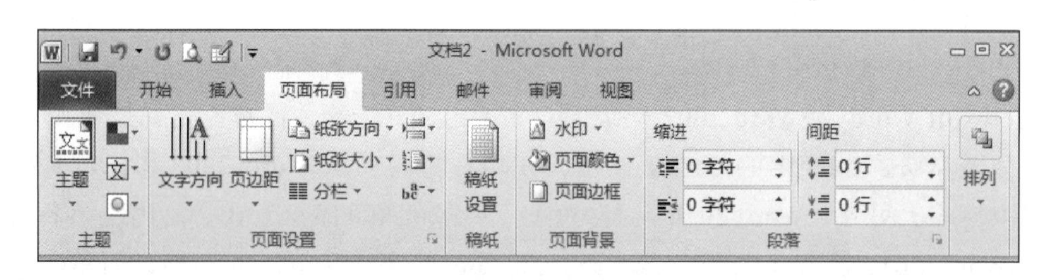

图 1.6 “页面布局”功能区

（4）“引用”功能区

“引用”功能区包括目录、脚注、引文与书目、题注、索引和引文目录等组，用于实现在 Word 2010 文档中插入目录等比较高级的功能，如图 1.7 所示。

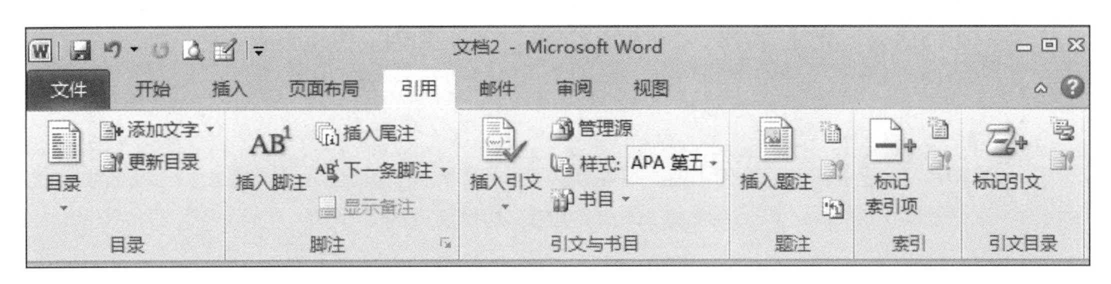

图 1.7 “引用”功能区

（5）“邮件”功能区

“邮件”功能区包括创建、开始邮件合并、编写和插入域、预览结果和完成等组，该功能区的作用比较专一，专门用于在 Word 2010 文档中进行邮件合并方面的操作，如图 1.8 所示。

（6）“审阅”功能区

“审阅”功能区包括校对、语言、中文简繁转换、批注、修订、更改、比较和保护等组，主要用于对 Word 2010 文档进行校对和修订等操作，适用于多人协作处理 Word 2010 长文档，如图 1.9 所示。

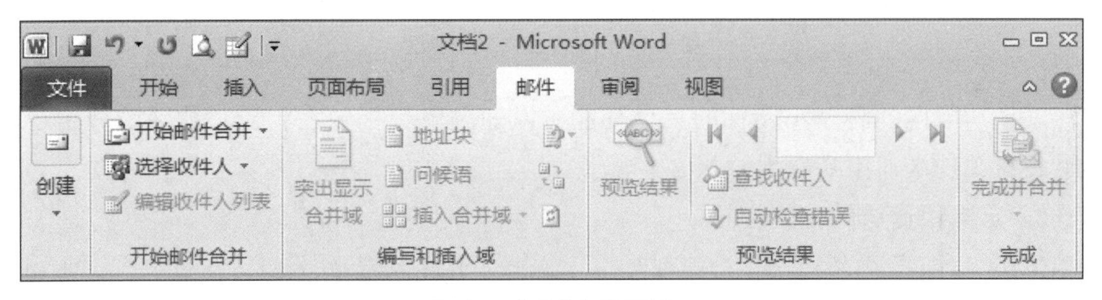

图 1.8 “邮件”功能区

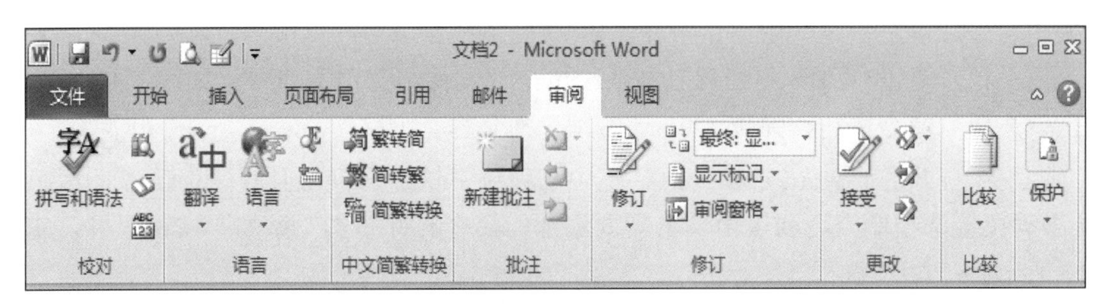

图 1.9 “审阅”功能区

（7）“视图”功能区

“视图”功能区包括文档视图、显示、显示比例、窗口和宏等组，主要用于帮助用户设置 Word 2010 操作窗口的视图类型，以方便操作，如图 1.10 所示。

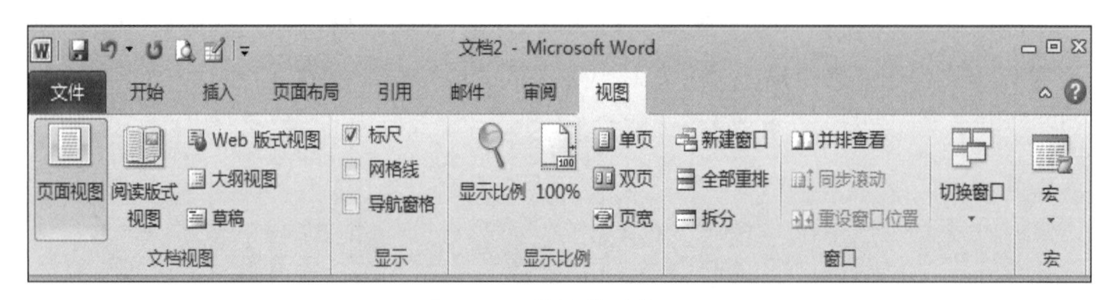

图 1.10 “视图”功能区

（8）“开发工具”功能区

“开发工具”功能区中包括 VBA 代码、宏代码、模板和控件等 Word 2010 开发工具，默认情况下，“开发工具”选项卡并未显示在 Word 2010 窗口中，用户需要手动设置使其显示，如图 1.11 所示。

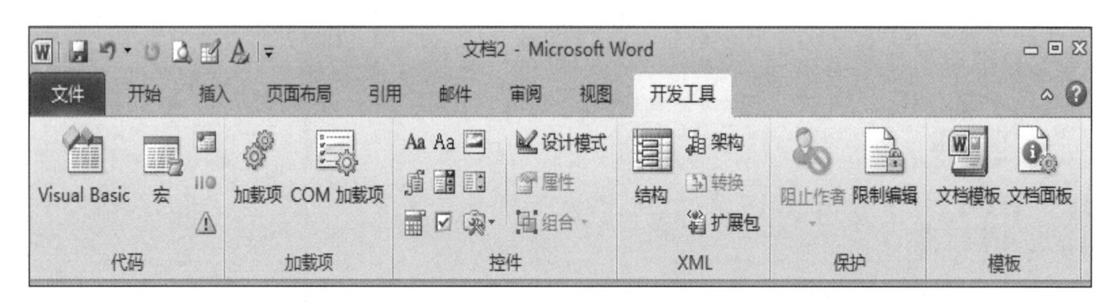

图 1.11 “开发工具”功能区

以上功能区的各个小图标的具体功能可以通过鼠标指针在相应功能区的分组小图标上悬停 3 秒来弹出功能提示信息。

2. 定制快速访问工具栏

Word 2010 文档窗口中的“快速访问工具栏”用于放置命令按钮，使用户快速启动经常使用的命令。默认情况下，“快速访问工具栏”中只有数量较少的命令，用户可以根据需要添加多个自定义命令，操作步骤如下所述。

（1）打开 Word 2010 文档窗口，依次单击“文件→选项”命令，如图 1.12 所示。单击“选项”命令按钮，弹出“Word 选项”对话框。

（2）在打开的“Word 选项”对话框中切换到“快速访问工具栏”选项卡，然后在“从下列位置选择命令”列表中单击需要添加的命令，并单击“添加”按钮即可，如图 1.13 所示。

（3）重复步骤 2 可以向 Word 2010 快速访问工具栏添加多个命令，依次单击“重置→仅重置快速访问工具栏”按钮，将“快速访问工具栏”恢复到原始状态，如图 1.14 所示。

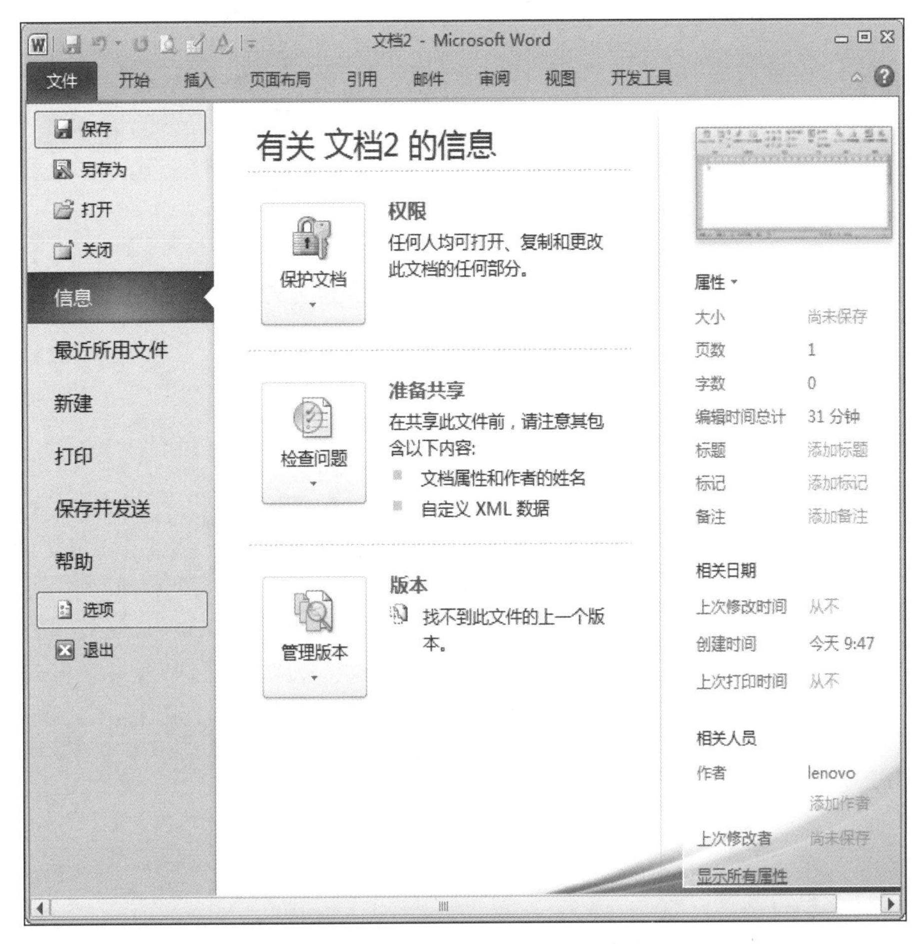

图 1.12　“文件”功能区的选项命令

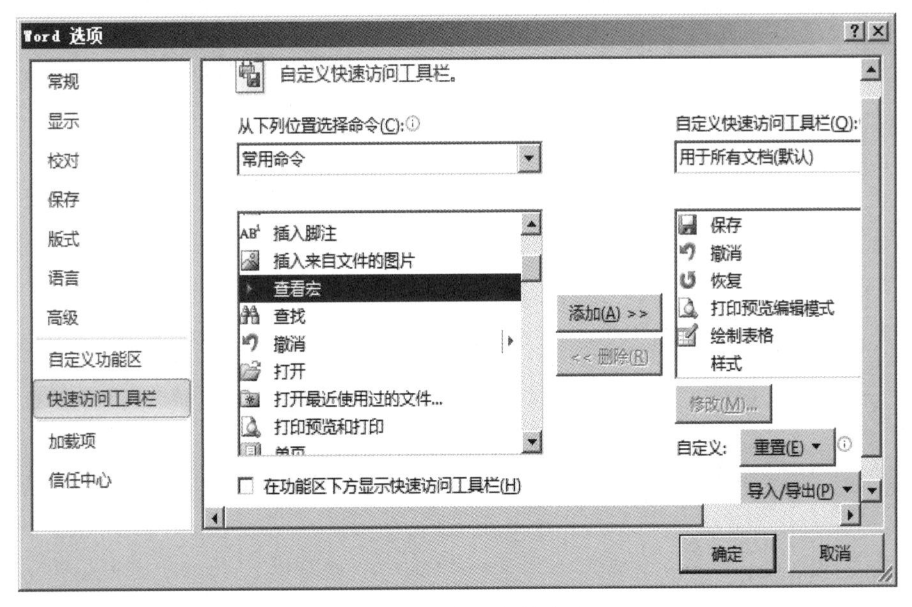

图 1.13　选择添加的命令

3. Word 2010 中的“文件”按钮

相对于 Word 2007 的 Office 按钮，Word 2010 中的“文件”按钮更有利于 Word 2003 用户快速迁移到 Word 2010。“文件”按钮是一个类似于菜单的按钮，位于 Word 2010 窗口左上角。单击“文件”按钮可以打开“文件”面板，包含“信息”“最近所用文件”“新建”“打印”“打开”“关闭”“保存”等常用命令。

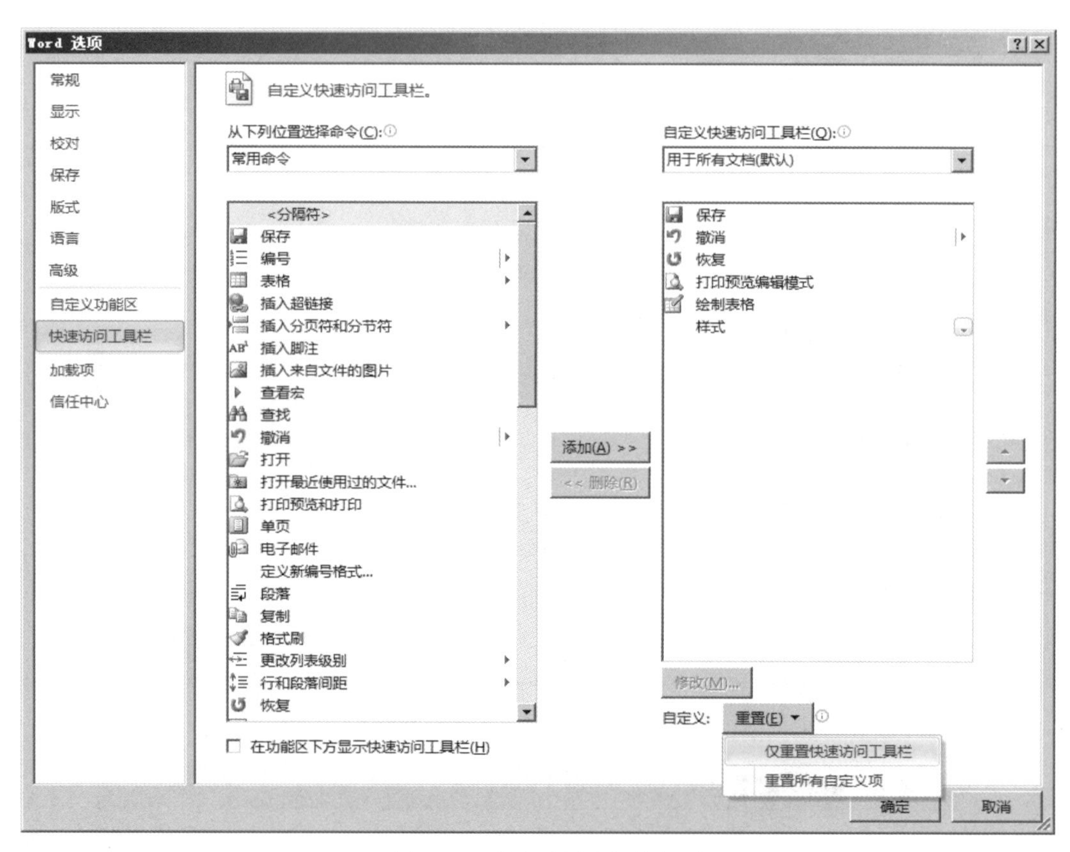

图 1.14 单击“重置”按钮

在默认打开的“信息”命令面板中，用户可以进行旧版本格式转换、保护文档（包含设置 Word 文档密码）、检查问题和管理自动保存的版本，如图 1.15 所示。

打开“最近所用文件”命令面板，在面板右侧可以查看最近使用的 Word 文档列表，用户可以通过该面板快速打开使用的 Word 文档。在每个历史 Word 文档名称的右侧含有一个固定按钮，单击该按钮可以将该记录固定在当前位置，而不会被后续历史 Word 文档名称替换。

打开“新建”命令面板，用户可以看到丰富的 Word 2010 文档类型，包括“空白文档”“博客文章”“书法字帖”等 Word 2010 内置的文档类型。用户还可以通过 Office 提供的模板新建诸如“会议日程”“证书、奖状”“小册子”等实用 Word 文档，如图 1.16 所示。

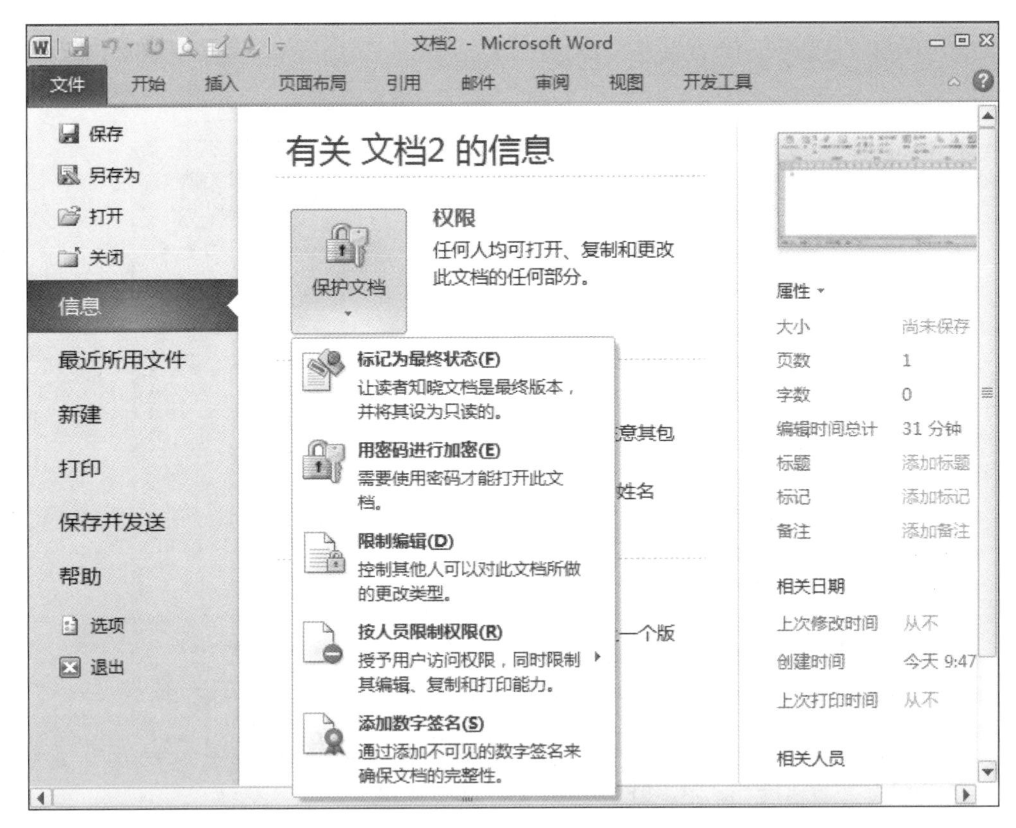

图 1.15　“信息”命令面板

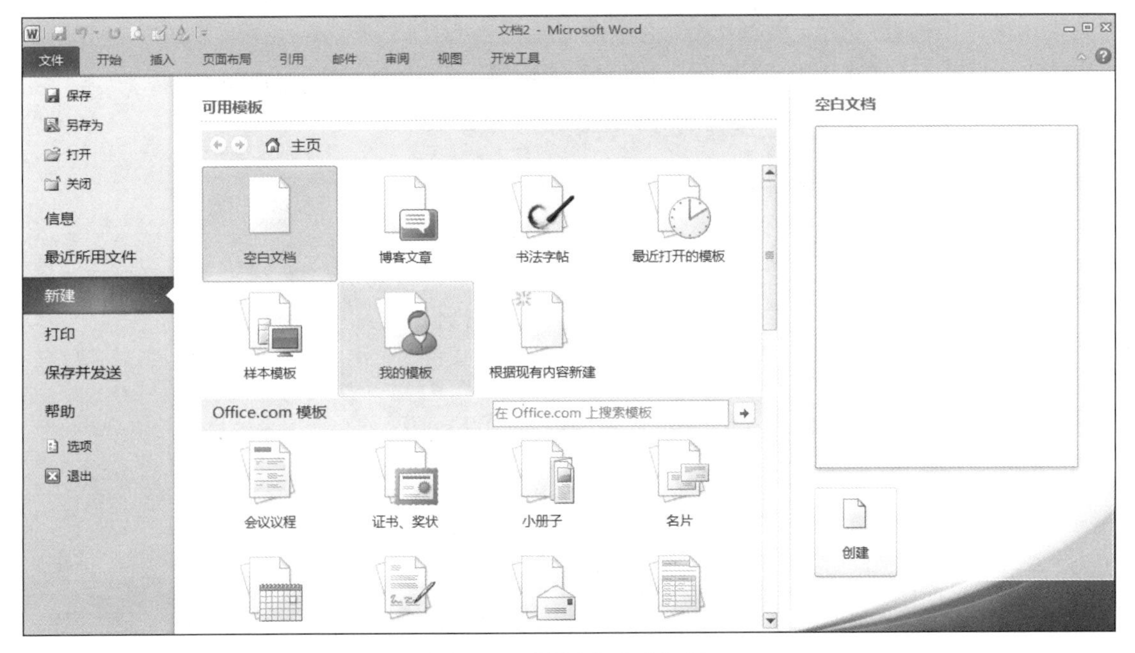

图 1.16　“新建”命令面板

打开“打印”命令面板，可以详细设置多种打印参数，例如双面打印、指定打印页等参数，从而有效控制 Word 2010 文档的打印结果，如图 1.17 所示。

打开“保存并发送”命令面板，用户可以在面板中将 Word 2010 文档发布为博客文章、发送为电子邮件或创建为 PDF 文档，如图 1.18 所示。

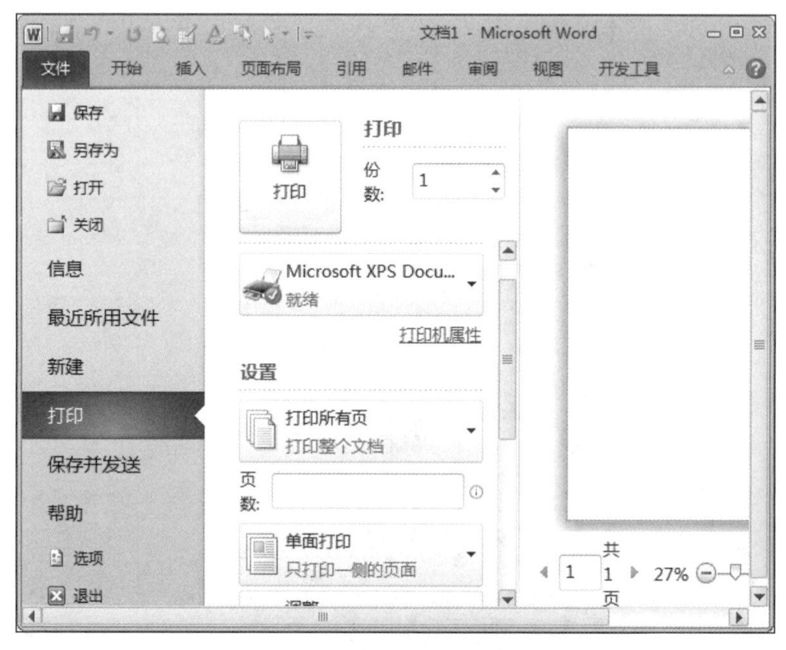

图 1.17 “打印”命令面板

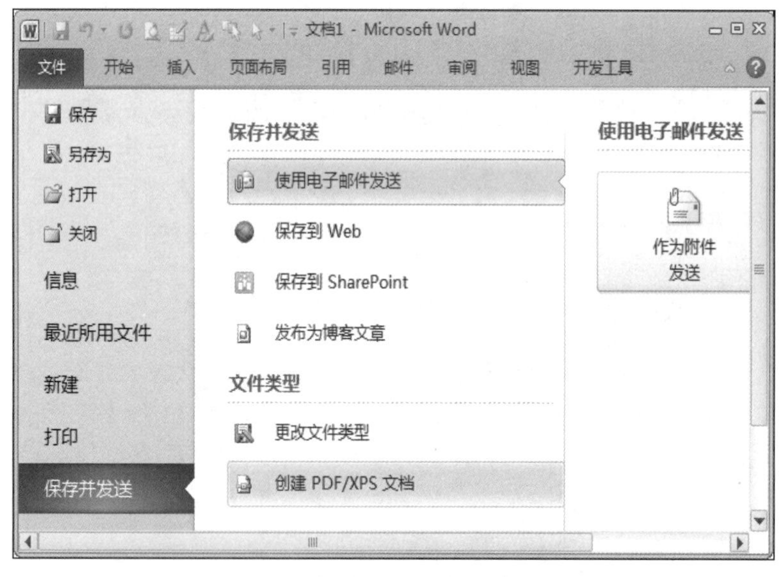

图 1.18 “保存并发送”命令面板

选择“文件”面板中的“选项”命令，可以打开“Word 选项”对话框。在“Word 选项”对话框中可以开启或关闭 Word 2010 中的许多功能或设置参数，如图 1.19 所示。

4. Word 2010 多种视图模式

在 Word 2010 中提供了多种视图模式供用户选择，这些视图模式包括“页面视图”

“阅读版式视图”“Web 版式视图”“大纲视图”和“草稿”等 5 种视图模式，如图 1.20 所示。用户可以在“视图”功能区中选择需要的文档视图模式，也可以在 Word 2010 文档窗口的右下方单击视图按钮选择视图。以前的版本中有“普通视图”，2010 版把普通视图改成了“草稿”。

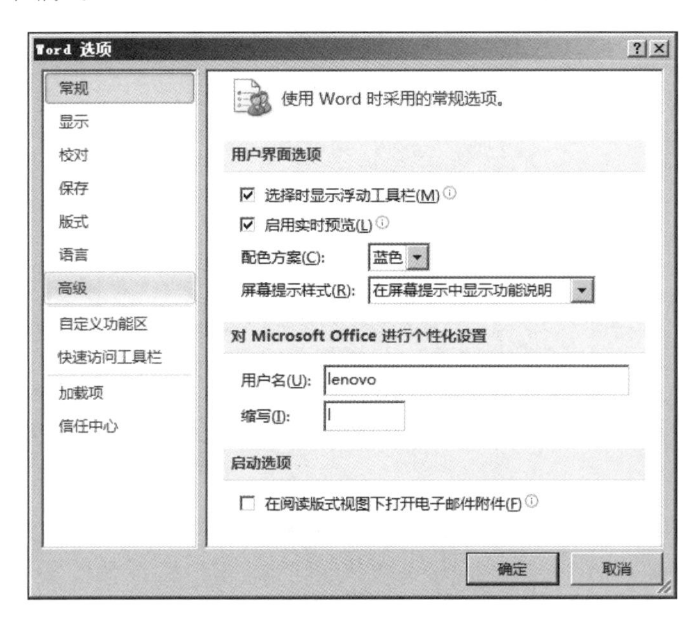

图 1.19　“Word 选项”对话框

图 1.20　Word 2010 多种视图

（1）页面视图

“页面视图”可以显示 Word 2010 文档的打印结果外观，主要包括页眉、页脚、图形对象、分栏设置、页面边距等元素，是最接近打印结果的视图。

（2）阅读版式视图

“阅读版式视图”以图书的分栏样式显示 Word 2010 文档，“文件”按钮、功能区等窗口元素被隐藏起来。在阅读版式视图中，用户还可以单击“工具”按钮选择各种阅读工具。

（3）Web 版式视图

“Web 版式视图”以网页的形式显示 Word 2010 文档，Web 版式视图适用于发送电子邮件和创建网页。

（4）大纲视图

“大纲视图”主要用于 Word 2010 文档的设置和显示标题的层级结构，并可以方便地折叠和展开各种层级的文档。大纲视图广泛用于 Word 2010 长文档的快速浏览和设置中，如图 1.21 所示。

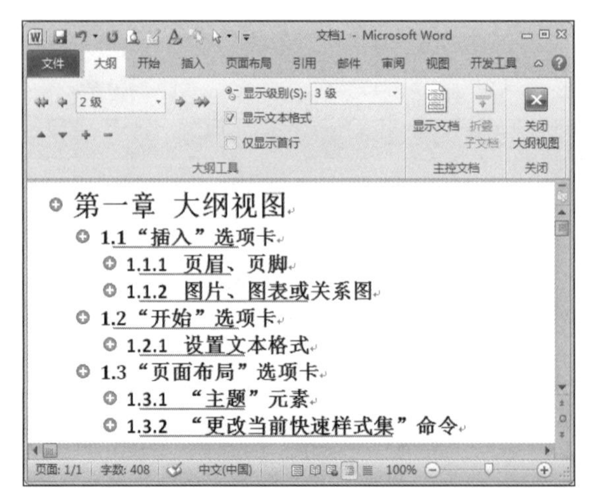

图 1.21　大纲视图

（5）草稿

“草稿”取消了页面边距、分栏、页眉页脚和图片等元素，仅显示标题和正文，是最节省计算机系统硬件资源的视图方式。当然现在计算机系统的硬件配置都比较高，基本不存在由于硬件配置偏低而使 Word 2010 运行遇到障碍的问题，Word 2010 中的草稿就是 Word 2007 版以前的普通视图，从 2007 版开始，普通视图变成了草稿。

5. 关闭浮动工具栏

浮动工具栏是 Word 2010 中一项极具人性化的功能，当 Word 2010 文档中的文字处于选中状态时，如果用户将鼠标指针移到被选中文字的右侧位置（最后一个字的右上角），此时在选中文字的右上角将会出现一个半透明状态的浮动工具栏。将鼠标指针移动到浮动工具栏上，该工具栏则不再处于半透明状态了。该工具栏中包含了常用的设置文字格式的命令，如设置字体、字号、颜色、居中对齐等。将鼠标指针移动到浮动工具栏上，会使这些命令完全显示，进而可以方便地设置文字格式，如图 1.22 所示。

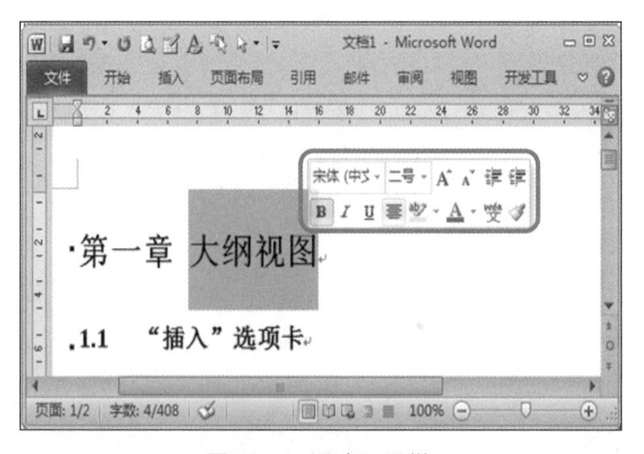

图 1.22　浮动工具栏

如果不需要在 Word 2010 文档窗口中显示浮动工具栏，可以在“Word 选项”对话框中将其关闭，操作步骤如下。

（1）打开 Word 2010 文档窗口，依次单击“文件→选项”按钮，如图 1.23 所示。

（2）在打开的“Word 选项”对话框中，取消“常用”选项卡中的“选择时显示浮动工具栏”复选框，并单击“确定”按钮即可，如图 1.24 所示。

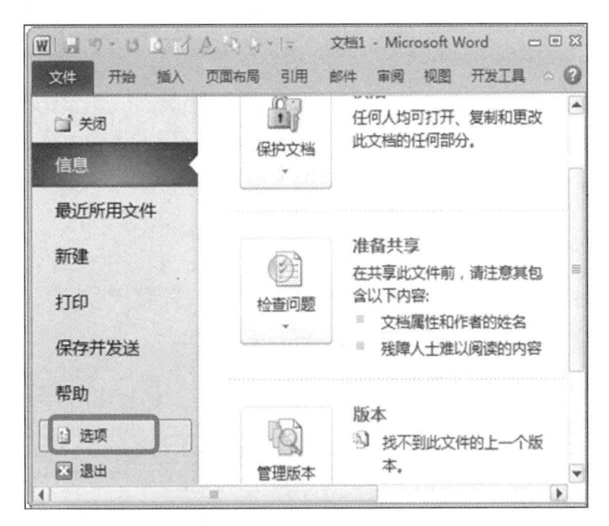

图 1.23　单击“选项”按钮

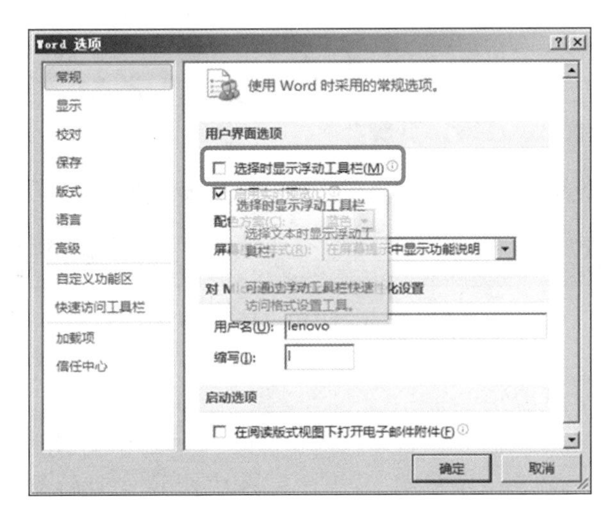

图 1.24　取消“选择时显示浮动工具栏”复选框

6. 显示或隐藏标尺、网格线和导航窗格

在 Word 2010 文档窗口中，用户可以根据需要显示或隐藏标尺、网格线和导航窗格。在“视图”功能区的“显示”分组中，选中或取消相应复选框可以显示或隐藏对应的项目。

（1）显示或隐藏标尺

“标尺”包括水平标尺和垂直标尺，用于显示 Word 2010 文档的页边距、段落缩进、制表符等。在视图功能区中选中或取消“标尺”复选框可以显示或隐藏标尺，如图 1.25 所示。

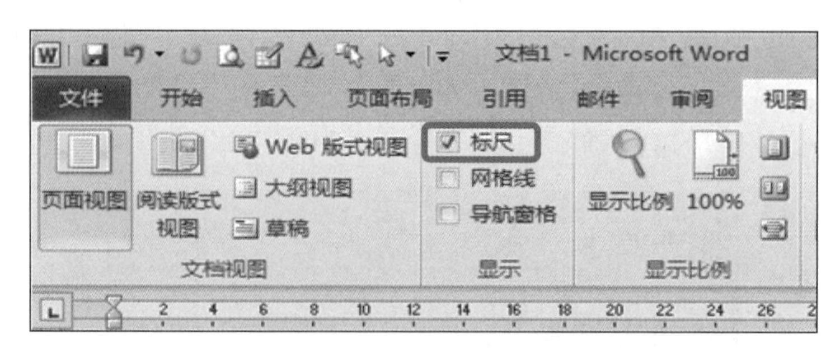

图 1.25 Word 2010 文档窗口标尺选项

（2）显示或隐藏网格线

“网格线”能够帮助用户将 Word 2010 文档中的图形、图像、文本框、艺术字等对象沿网格线对齐，并且在打印时网格线不被打印出来。选中或取消“网格线”复选框可以显示或隐藏网格线，如图 1.26 所示。

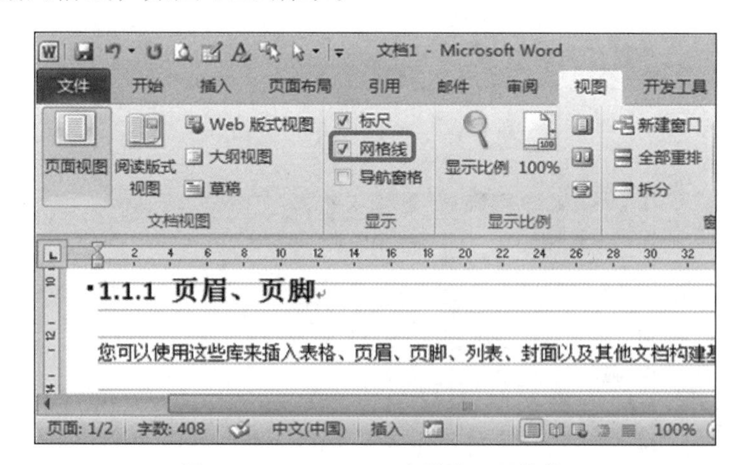

图 1.26 Word 2010 文档窗口网格线

（3）显示或隐藏导航窗格

“导航窗格”主要用于显示 Word 2010 文档的标题大纲，用户单击“文档结构图”中的标题可以展开或收缩下一级标题，并且可以快速定位到标题对应的正文内容，还可以显示 Word 2010 文档的缩略图。选中或取消“导航窗格”复选框可以显示或隐藏导航窗格，如图 1.27 所示。

Word 2010 的导航窗格为长篇文档的编辑排版提供了很大的方便。

7. 删除最近使用的文档记录

Word 2010 具有记录最近使用过的文档功能，从而为用户下次打开该文档提供方便。如果用户出于保护隐私的要求需要将 Word 2010 文档使用记录删除，或者关闭 Word 2010 文档历史记录功能，可以按照如下步骤进行操作。

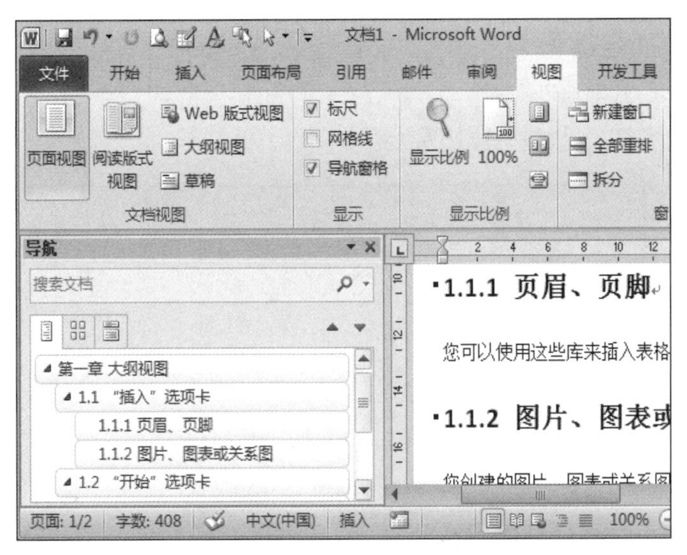

图 1.27 Word 2010 导航窗格

（1）打开 Word 2010 文档窗口，单击“文件”按钮。在打开的“文件”面板中单击“选项”按钮。

（2）在打开的“Word 选项”对话框中，单击“高级”按钮。在“显示”区域将“显示此数目的‘最近使用的文档’”数值调整为 0，即可清除最近使用的文档记录，并关闭 Word 2010 文档历史记录功能，如图 1.28 所示。

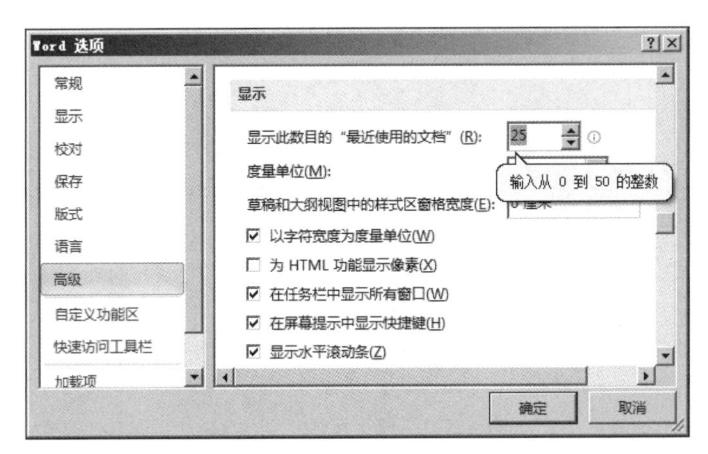

图 1.28 调整“显示此数目的‘最近使用的文档’”数值

如果在删除当前 Word 2010 文档使用记录后，希望以后继续使用 Word 2010 文档历史记录功能，则只需要将“显示此数目的‘最近使用的文档’”数值调整为大于 0 即可。

8. 调整文档页面显示比例

在 Word 2010 文档窗口中可以设置页面显示比例，从而调整 Word 2010 文档窗口的大小。显示比例仅调整文档窗口的显示大小，并不会影响实际的打印效果。设置 Word

2010 页面显示比例的步骤如下。

（1）打开 Word 2010 文档窗口，切换到“视图”功能区。在“显示比例”分组中单击“显示比例”按钮，如图 1.29 所示。

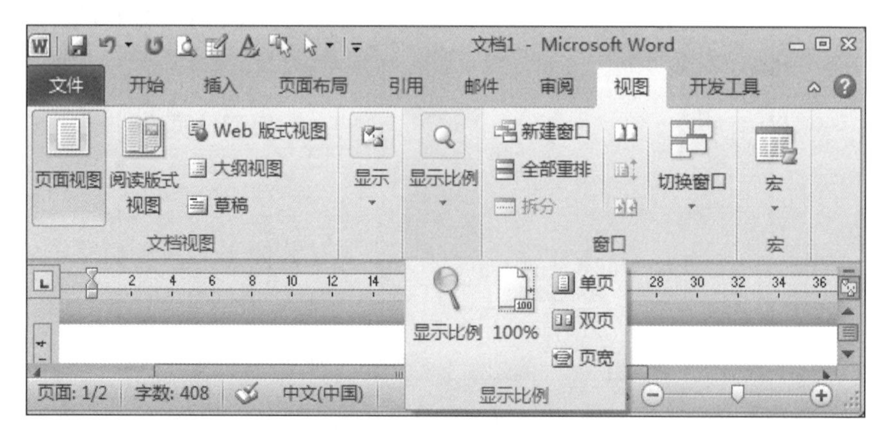

图 1.29　单击“显示比例”按钮

（2）在打开的“显示比例”对话框中，用户既可以通过选择预置的显示比例（如 100%、页宽）设置 Word 2010 页面显示比例，也可以微调百分比数值调整页面显示比例，如图 1.30 所示。

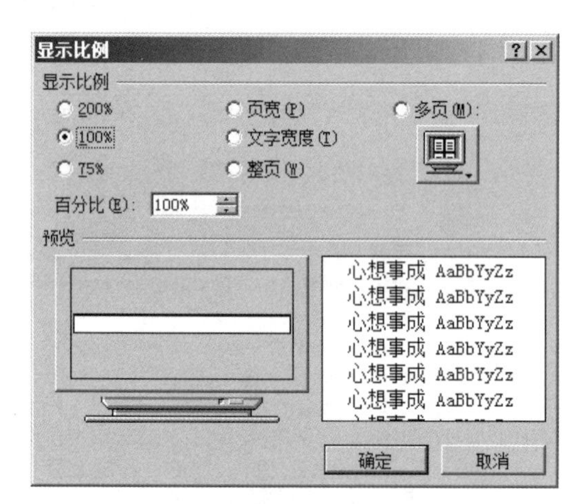

图 1.30　“显示比例”对话框

除了在“显示比例”对话框中设置页面显示比例以外，用户还可以通过拖动 Word 2010 状态栏上的滑块放大或缩小显示比例，调整幅度为 10%，如图 1.31 所示。

9. 并排查看多个文档窗口

Word 2010 具有多个文档窗口并排查看的功能，通过多窗口并排查看，可以对不同窗口中的内容进行比较。在 Word 2010 中实现并排查看窗口的步骤如下。

（1）打开两个或两个以上 Word 2010 文档窗口，在当前文档窗口中切换到“视图”功能区。然后在“窗口”分组中单击“并排查看”命令。

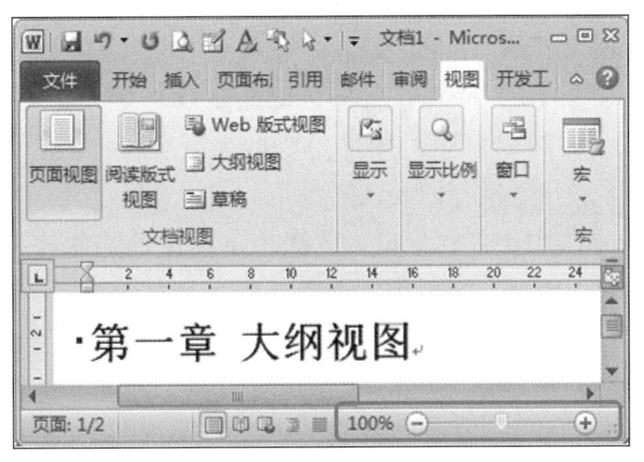

图 1.31 拖动滑块调整显示比例

（2）在打开的“并排比较”对话框中，选择一个准备进行并排比较的 Word 文档，并单击“确定”按钮，如图 1.32 所示。

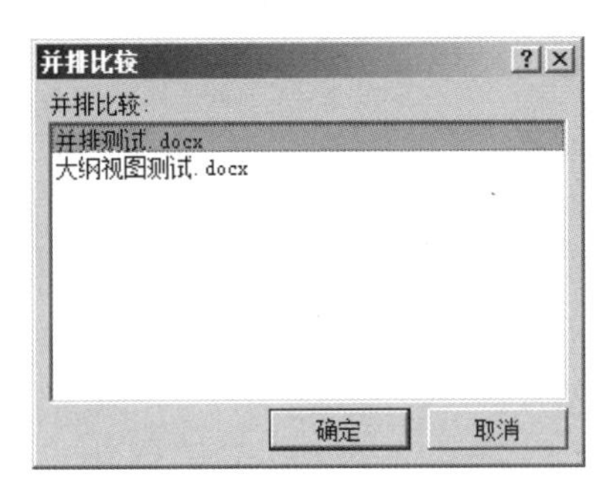

图 1.32 “并排比较”对话框

（3）在其中一个 Word 2010 文档的“窗口”分组中单击“同步滚动”按钮，则可以实现在滚动当前文档时另一个文档同时滚动，如图 1.33 所示。

在“视图”功能区的“窗口”分组中，还可以进行诸如新建窗口、拆分窗口、全部重排等相关操作，如图 1.34 所示。

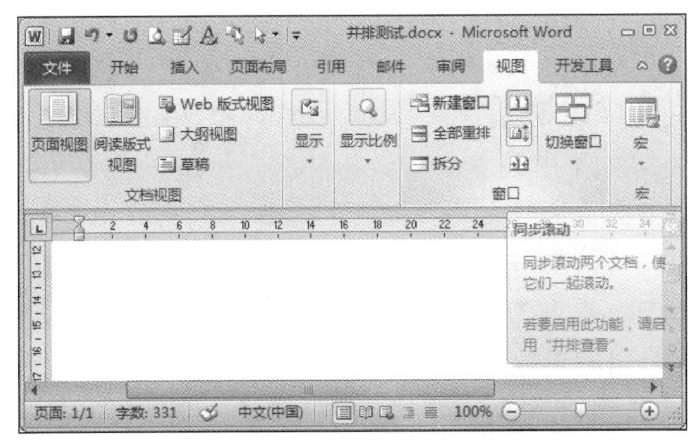

图 1.33 “同步滚动”按钮

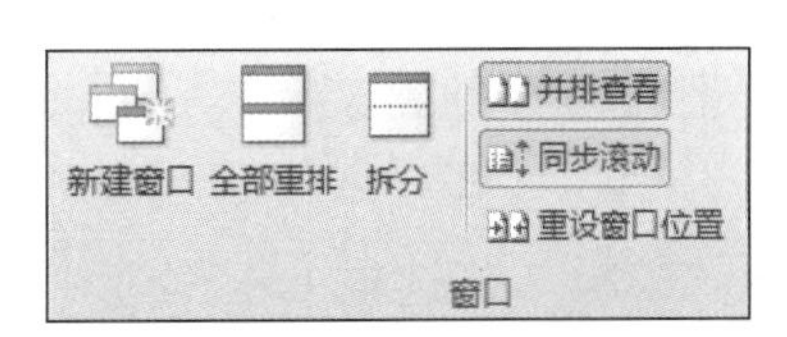

图 1.34 “窗口”分组

10. 新建空白文档

默认情况下，Word 2010 程序在打开的同时会自动新建一个空白文档。用户在使用该空白文档完成文字输入和编辑后，如果需要再次新建一个空白文档，则可以按照如下步骤进行操作。

第 1 步：打开 Word 2010 文档窗口，依次单击“文件→新建”按钮。

第 2 步：在打开的“新建”面板中，选中需要创建的文档类型，例如可以选择“空白文档”“博客文章”“书法字帖”等文档。完成选择后单击“创建”按钮，如图 1.35 所示。

图 1.35 “空白文档”选项

在 Word 2010 中有 3 种类型的 Word 模板，分别为：.dot 模板（兼容 Word 97-2003 文档）、.dotx（未启用宏的模板）和.dotm（启用宏的模板）。在“新建文档”对话框中创建的空白文档使用的是 Word 2010 的默认模板 Normal.dotm。

除了通用型的空白文档模板之外，Word 2010 中还内置了多种文档模板，如博客文章模板、书法字帖模板等。另外，Office 网站还提供了证书、奖状、名片、简历等特定功能模板。借助这些模板，用户可以创建比较专业的 Word 2010 文档。在 Word 2010 中使用模板创建文档的步骤如下所述。

（1）打开 Word 2010 文档窗口，依次单击“文件→新建”按钮。

（2）在打开的“新建”面板中，用户可以单击“博客文章”“书法字帖”等 Word 2010 自带的模板创建文档，还可以单击 Office 提供的“名片”“日历”等在线模板。

（3）打开样本模板列表页，单击合适的模板后，在“新建”面板右侧选中“文档”或“模板”单选框（本例选中“文档”选项），然后单击“创建”按钮，如图 1.36 所示。

（4）打开使用模板创建的文档，用户可以在该文档中进行编辑。

除了使用 Word 2010 已安装的模板，用户还可以使用自己创建的模板和 Office 提供的模板。在下载 Office 提供的模板时，Word 2010 会进行正版验证，非正版的 Word 2010 版本无法下载 Office Online 提供的模板。

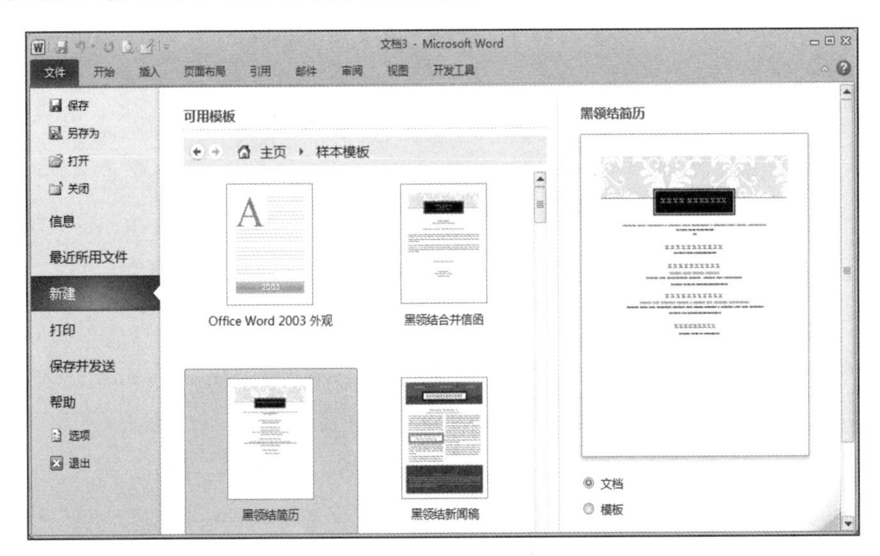

图 1.36 “新建”按钮

11. 打开最近使用的文档

在 Word 2010 中默认会显示 20 个最近打开或编辑过的 Word 文档，用户可以通过“最近”面板打开最近使用的文档，操作步骤如下。

（1）打开 Word 2010 文档窗口，单击“文件”按钮，弹出文件信息窗格。

（2）单击“文件”面板窗格左侧的“最近所用文件”，窗格中间的“最近使用的文档”列表中罗列出近期使用的文档，右侧“最近的位置”把对应的最近使用的文档所在的位置显示出来，单击准备打开的 Word 文档名称即可，如图 1.37 所示。

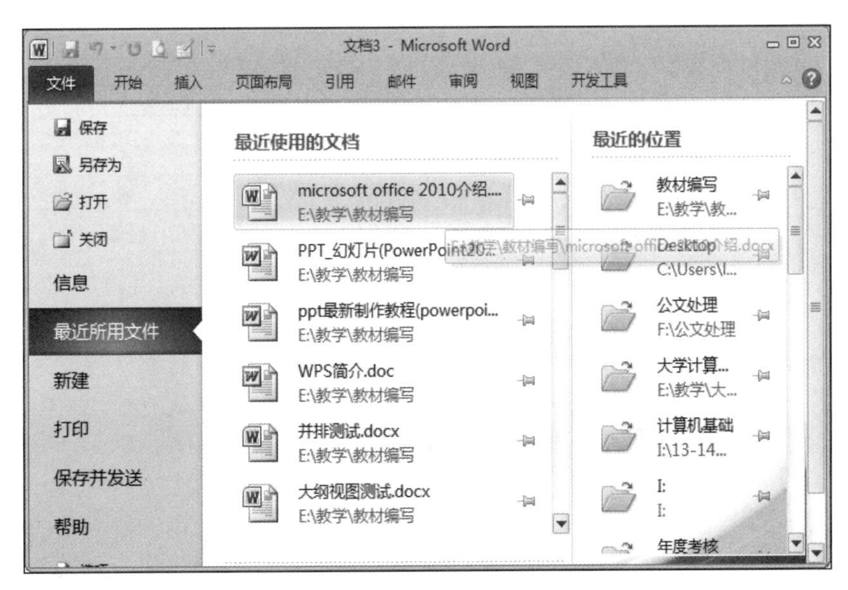

图 1.37 最近使用的 Word 文档

打开文档的方式有副本方式和只读方式，以“副本方式”打开 Word 文档，可以在相同文件夹中创建一份完全相同的 Word 文档，在原始 Word 文档和副本 Word 文档同时打开的前提下进行编辑和修改。在打开的 Word 2010 文档窗口标题栏，用户可以看到当前 Word 文档为“副本（1）”模式。

以只读方式打开的 Word 文档会限制对原始 Word 文档的编辑和修改，从而有效保护 Word 文档的原始状态。当然，在只读模式下打开的 Word 文档允许用户进行“另存为”操作，从而将当前打开的只读方式 Word 文档另存为一份全新的可以编辑的 Word 文档。

12. Word 2003 文档与 Word 2010 文档的互换操作

为了使在 Word 2003 中创建的 Word 文档具有 Word 2010 文档的新功能，用户可以将 Word 2003 文档转换成 Word 2010 文档，操作步骤如下。

（1）打开 Word 2010 文档窗口，并打开一个 Word 2003 文档，用户可以看到在文档名称后边标识有“兼容模式”字样。依次单击“文件→转换”命令，如图 1.38 所示。

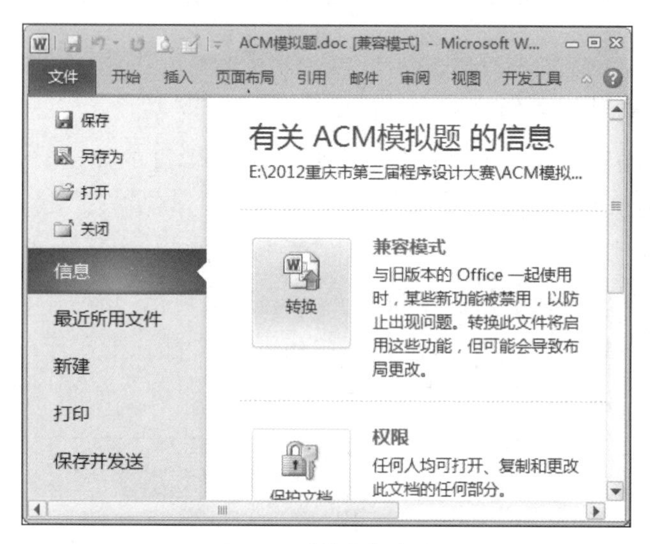

图 1.38 “转换”命令

（2）在打开的提示框中单击“确定”按钮即可完成转换操作，完成版本转换的 Word 文档名称将取消“兼容模式”字样，如图 1.39 所示。

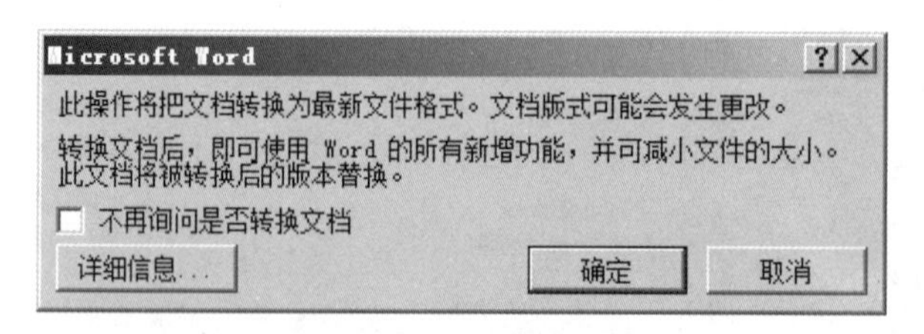

图 1.39 确认转换操作

默认情况下，使用 Word 2010 编辑的 Word 文档会保存为.docx 格式的 Word 2010

文档。如果 Word 2010 用户经常需要跟 Word 2003 用户交换 Word 文档，而 Word 2003 用户在未安装文件格式兼容包的情况下又无法直接打开.docx 文档，那么 Word 2010 用户可以将其默认的保存格式设置为.doc 文件。

在 Word 2010 中设置默认保存格式为.doc 文件的步骤如下。

（1）打开 Word 2010 文档窗口，依次单击“文件→选项”按钮。

（2）在打开的“Word 选项”对话框中切换到“保存”选项卡，在“保存文档”区域单击“将文件保存为此格式”下拉三角按钮，并在打开的下拉菜单中选择“Word 97-2003 文档（*.doc）”选项，单击“确定”按钮，如图 1.40 所示。

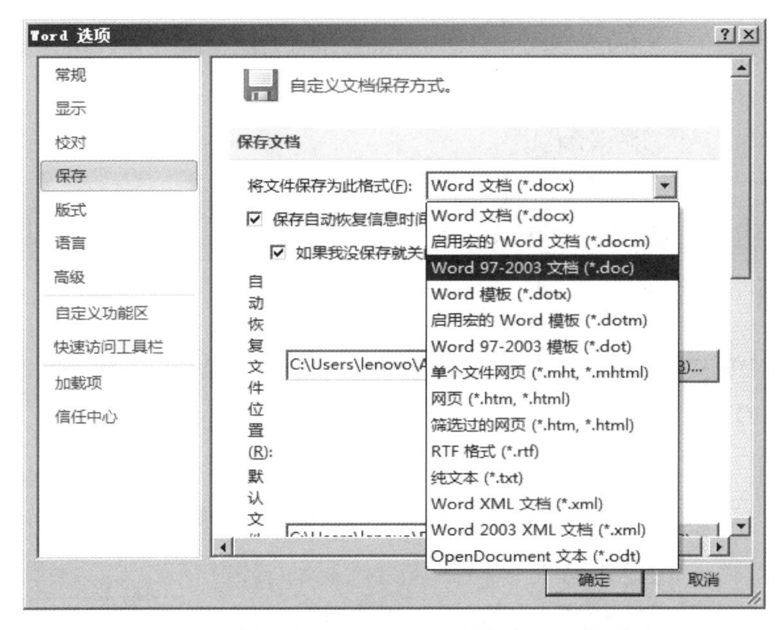

图 1.40　选择“Word 97-2003 文档（*.doc）”选项

改变 Word 2010 默认保存的文件格式，并不能改变使用右键菜单新建 Word 文档的格式，使用右键菜单新建的 Word 文档依然是.docx 格式。只有在打开 Word 2010 文档窗口，然后进行保存时才能默认保存为.doc 文件。

一般情况下，在 Word 2010 中创建的 Word 文档无法在 Word 2003 中打开和编辑，因为 Word 2003 无法识别扩展名为.docx 的 Word 2010 文件。

为了使 Word 2010 文档能够在 Word 2003 中打开和编辑，用户可以在安装 Word 2003 的计算机中下载并安装 Microsoft Office Word、Excel 和 PowerPoint 2007 文件格式兼容包。

13. 将 Word 2010 文档直接保存为 PDF 文件

在 Word 2007 中，用户需要安装 Microsoft Save as PDF 加载项后才能将 Word 文档保存为 PDF 文件。而 Word 2010 具有将文档直接保存为 PDF 文件的功能，用户可以将 Word 2010 文档另存为 PDF 文件，操作步骤如下。

（1）打开 Word 2010 文档窗口，依次单击“文件→另存为”按钮。

（2）在打开的“另存为”对话框中，选择“保存类型”为 PDF，然后选择 PDF 文件的保存位置并输入 PDF 文件名称，单击“保存”按钮，如图 1.41 所示。

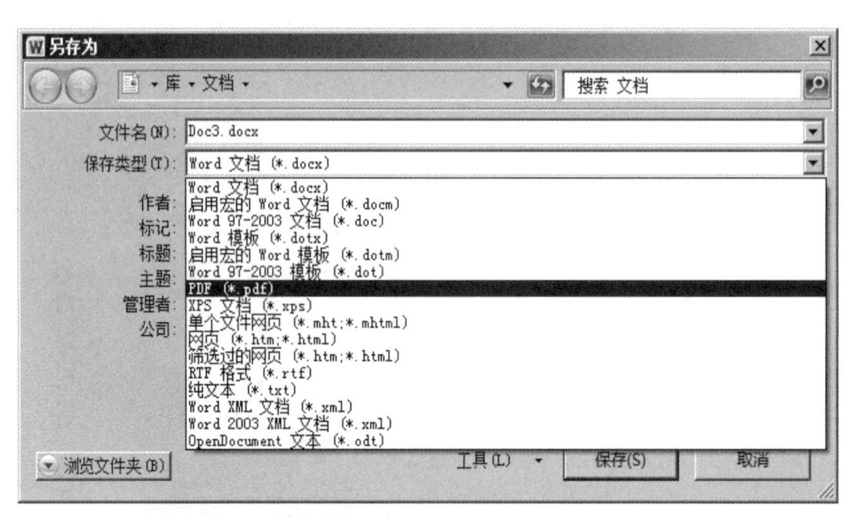

图 1.41 选择保存为 PDF 文件

（3）完成 PDF 文件发布后，如果当前系统安装有 PDF 阅读工具（如 Adobe Reader），则保存生成的 PDF 文件将被打开。

用户还可以在选择保存类型为 PDF 文件后单击“选项”按钮，在打开的“选项”对话框中对另存为的 PDF 文件进行更详细的设置，如图 1.42 所示。

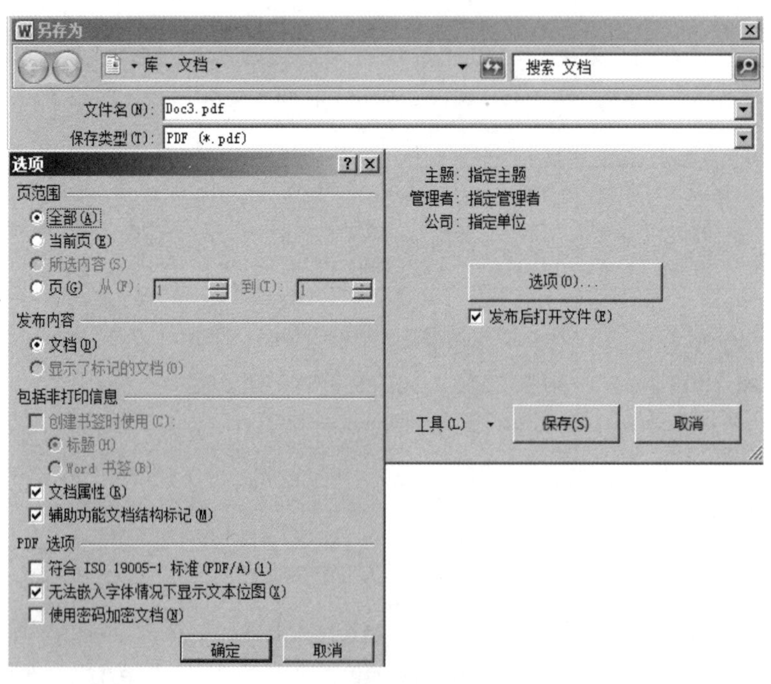

图 1.42 “选项”对话框

14. 在 Word 2010 文档窗口中查看高级属性

用户可以在 Word 文档的属性对话框中查看 Word 文档被修改的次数，从而了解该 Word 文档被修订的情况。在 Word 2010 文档窗口中查看 Word 文档被修改次数的步骤如下。

（1）打开 Word 2010 文档窗口，依次单击“文件→信息”按钮。在“信息”面板中单击“属性”按钮，然后在打开的下拉列表中选择“高级属性”选项，如图 1.43 所示。

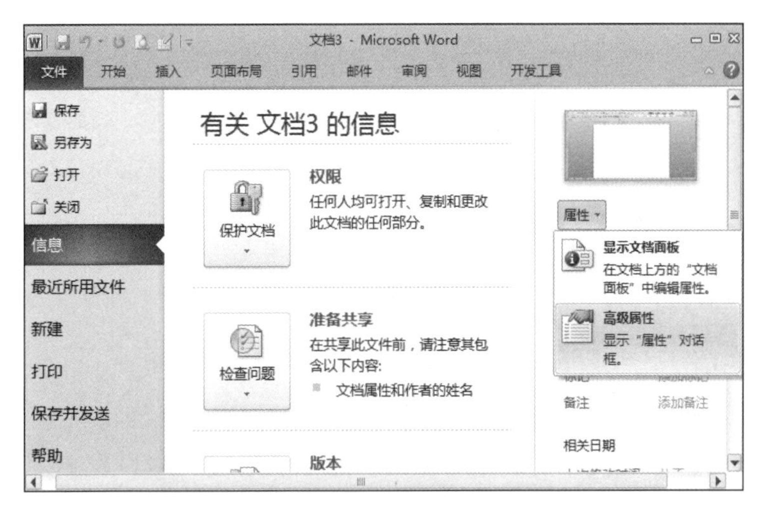

图 1.43　选择“高级属性”选项

（2）在打开的文档属性对话框中，切换到“统计”选项卡。用户可以在“统计”选项卡中查看“修改时间”“上次保存者”“修订次数”等信息，如图 1.44 所示。

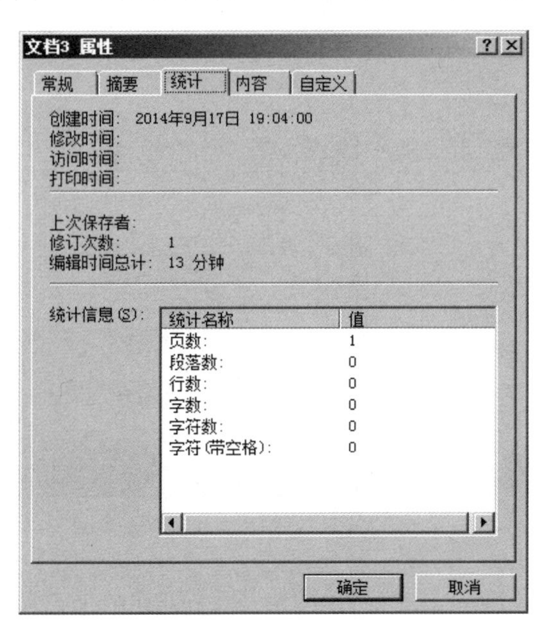

图 1.44　“统计”选项卡

15. 在 Word 2010 中设置 Word 文档属性信息

Word 文档属性包括作者、标题、主题、关键词、类别、状态和备注等项目。用户设置 Word 文档属性有助于管理 Word 文档。在 Word 2010 中设置 Word 文档属性的步骤如下。

（1）打开 Word 2010 文档窗口，依次单击“文件→信息”按钮。在打开的“信息”面板中单击“属性”按钮，并在打开的下拉列表中选择“高级属性”选项。

（2）在打开的文档属性对话框中切换到“摘要”选项卡，分别输入作者、单位、类别、关键词等相关信息，并单击“确定”按钮即可。

操作技巧 1.1

操作技巧 1.1　利用文档导航窗格控制文档结构，具体操作可扫描二维码查看。

1.4　Word 文档编辑

1. “插入”或“改写”模式切换

打开 Word 2010 文档窗口后，默认的文本输入状态为“插入”状态，即在原有文本的左边输入文本时原有文本将右移。另外还有一种文本输入状态为“改写”状态，即在原有文本的左边输入文本时，原有文本将被替换。用户可以根据需要在 Word 2010 文档窗口中切换“插入”和“改写”两种状态，操作步骤如下所述。

（1）打开 Word 2010 文档窗口，依次单击“文件→选项”按钮。

（2）在打开的“Word 选项”对话框中切换到“高级”选项卡，然后在“编辑选项”区域选中“使用改写模式”复选框，并单击“确定”按钮即切换为“改写”模式。如果取消“使用改写模式”复选框，并单击“确定”按钮即切换为“插入”模式，如图 1.45 所示。

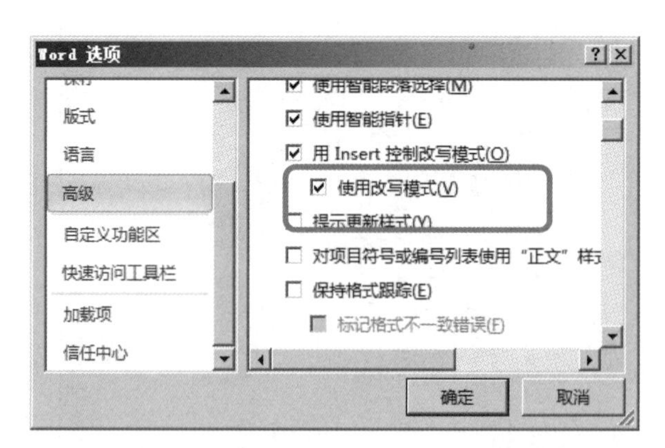

图 1.45　选中“使用改写模式”复选框

默认情况下，“Word 选项”对话框中的“用 Insert 控制改写模式”复选框选中，即可以按键盘上的 Insert 键切换“插入”和“改写”状态，还可以单击 Word 2010 文档窗口状态栏中的“插入”或“改写”按钮切换输入状态，如图 1.46 所示。

2. 在页眉库中添加或删除自定义页眉

所谓“库”就是一些预先格式化的内容集合，例如“页眉库”“页脚库”“表格库”等。在 Word 2010 文档窗口中，用户通过使用这些具有特定格式的库可以快速完成一些版式或内容方面的设置。例如单击“插入”功能区的“表格”按钮，可以从“快速表格库”中选择已经预格式化的表格，如图 1.47 所示。

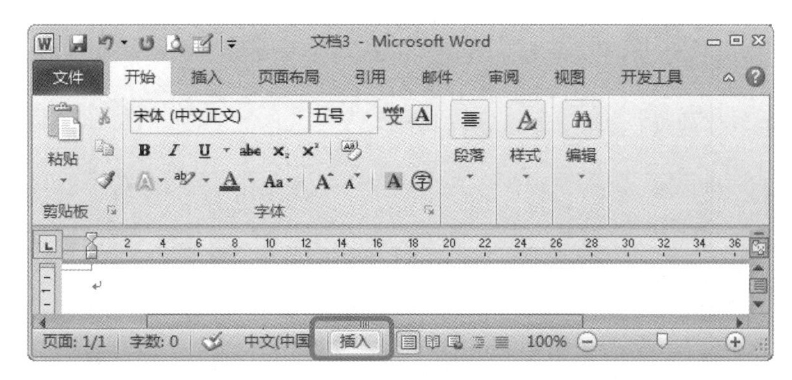

图 1.46　单击“插入”或“改写”按钮

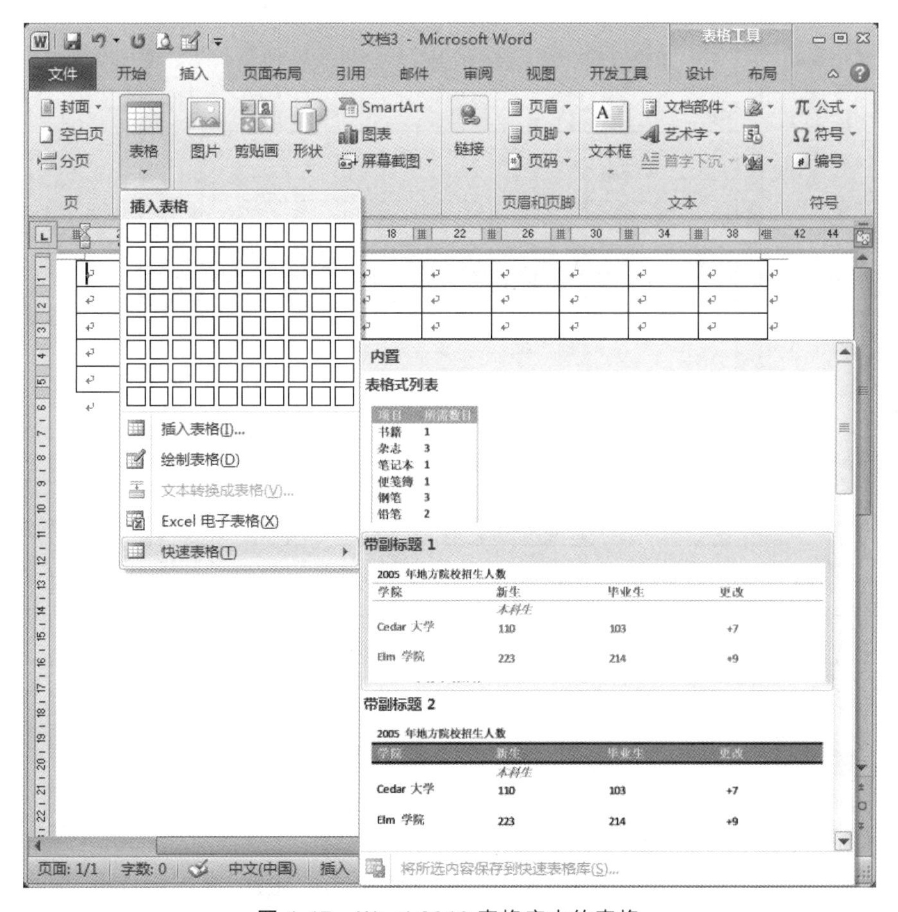

图 1.47　Word 2010 表格库中的表格

Word 2010 中的库主要集中在“插入”功能区，用户也可将自定义的设置添加到特定的库中，以便减少重复操作。下面以在页眉库中添加自定义页眉为例，操作步骤如下。

（1）打开 Word 2010 文档窗口，切换到“插入”功能区。在“页眉和页脚”分组中单击“页眉”按钮，如图 1.48 所示。

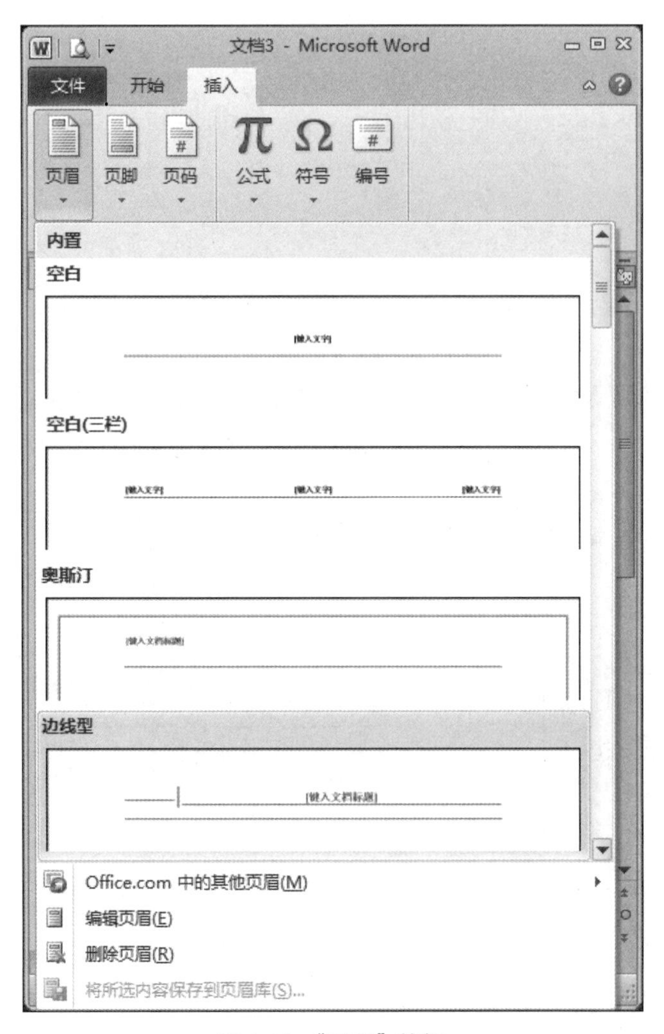

图 1.48 “页眉”按钮

（2）编辑页眉文字，并进行版式设置。然后选中编辑完成的页眉文字，单击“页眉和页脚”分组中的“页眉”按钮，并在打开的页眉库中单击“将所选内容保存到页眉库”命令，如图 1.49 所示。

（3）打开“新建构建模块”对话框，分别输入“名称”和“说明”，其他选项保持默认设置，并单击“确定”按钮，如图 1.50 所示。

如果用户需要插入自定义的页眉，则只需从 Word 2010 页眉库中选择即可。

页眉和页脚工具
文档3 - Micr...
文件
开始
插入
设计
页眉
内置
空白
空白(三栏)
奥斯汀
边线型
Office.com 中的其他页眉(M)
编辑页眉(E)
删除页眉(R)
将所选内容保存到页眉库(S)...
页面: 1/1
字数: 1
100%

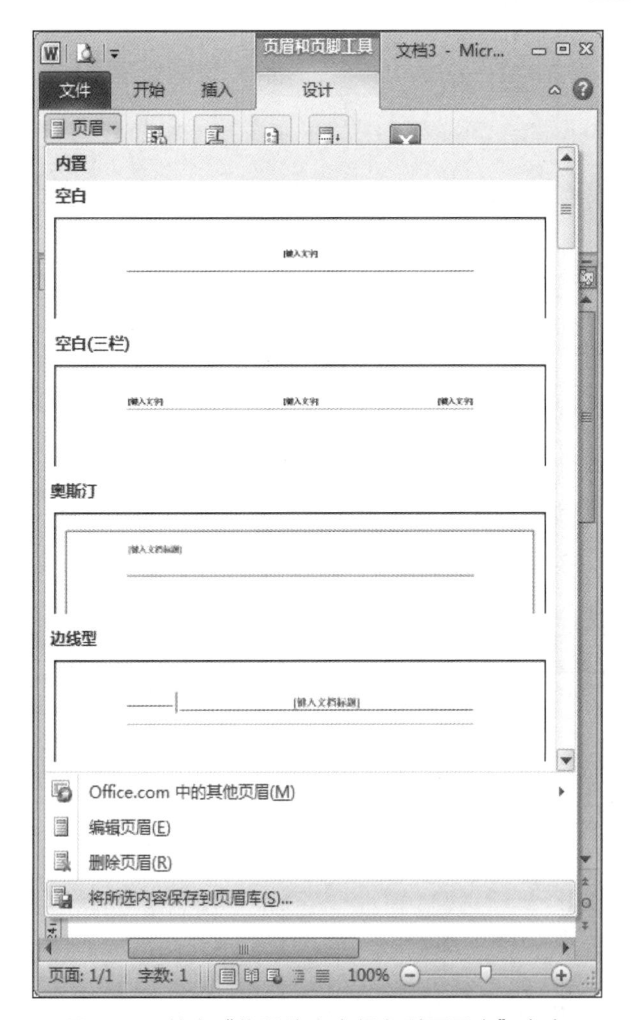

图 1.49 单击“将所选内容保存到页眉库”命令

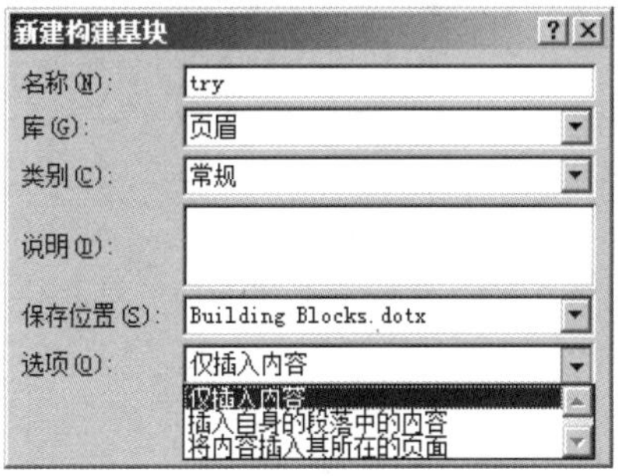

新建构建基块
名称(N):
try
库(G):
页眉
类别(C):
常规
说明(D):
保存位置(S):
Building Blocks.dotx
选项(O):
仅插入内容
仅插入内容
插入自身的段落中的内容
将内容插入其所在的页面

图 1.50 “新建构建模块”对话框

通过在 Word 2010 库中添加自定义内容，可以提高用户的工作效率。当用户不再需要自定义的内容时可以将其删除，以删除自定义页眉为例，操作步骤如下。

（1）打开 Word 2010 文档窗口，切换到“插入”功能区。在“页眉和页脚”分组中单击“页眉”按钮。在打开的页眉库中右键单击用户添加的自定义库，并选择快捷菜单中的“整理和删除”命令，如图 1.51 所示。

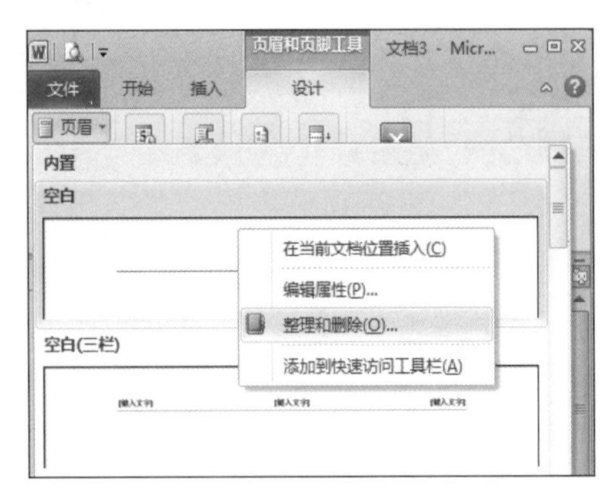

图 1.51　选择“整理和删除”命令

（2）打开“构建基块管理器”对话框，单击“删除”按钮。在打开的是否确认删除对话框中单击“是”按钮，并单击“关闭”按钮即可，如图 1.52 所示。

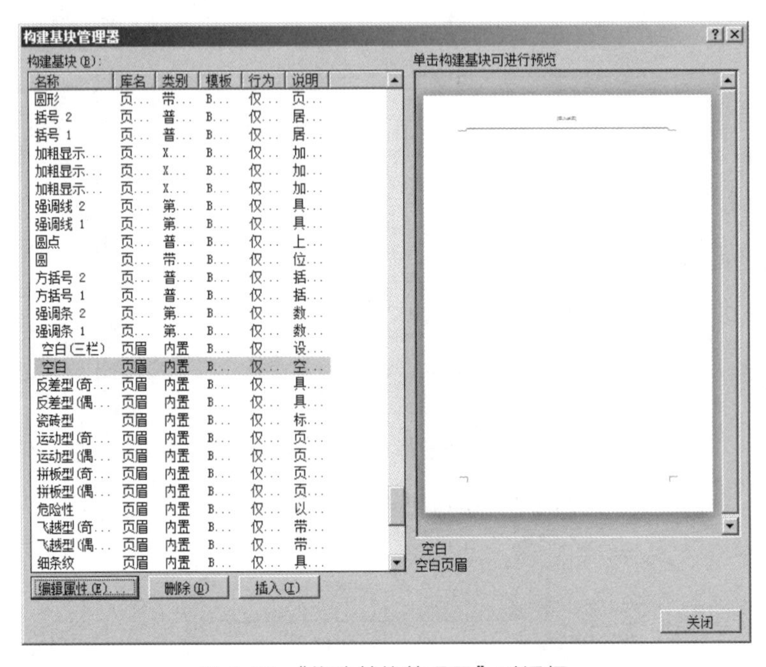

图 1.52　“构建基块管理器”对话框

3. 构建基块

Word 2010 中的构建基块主要用于存储具有固定格式且经常使用的文本、图形、表格或其他特定对象。在文档编辑过程中使用频率较高的对象。该功能如同设置手机短信常用提示语句一样，或与拒绝来电自动回复消息的设置类似。构建基块被保存在 Word 2010 的库中，可以被插入到任何 Word 2010 文档或 Word 2010 文档的任意位置。创建构建基块的步骤如下。

（1）打开 Word 2010 文档窗口，选中准备作为构建基块的内容（例如文本、图片或表格等）。切换到“插入”功能区，在“文本”分组中单击“文档部件”按钮，并在打开的菜单中选择“将所选内容保存到文档部件库”命令，如图 1.53 所示。

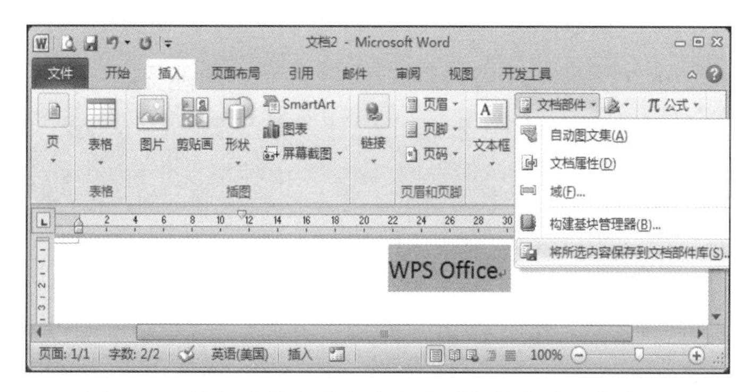

图 1.53　选择“将所选内容保存到文档部件库”命令

（2）打开“新建构建基块”对话框，用户可以自定义构建基块名称，并选择构建基块保存到的库。默认情况将保存到“文档部件”库中，当然也可以选择保存到“页眉”“页脚”“文本框”等库中。选择保存到哪个库，在使用该构建基块时就需要到相应的库中查找。其他选项保持默认设置，并单击“确定”按钮，如图 1.54 所示。

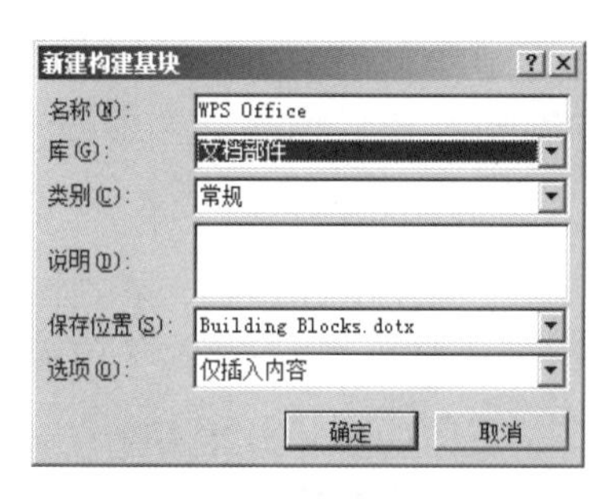

图 1.54　“新建构建基块”对话框

（3）在功能区单击相应的库名称（例如“插入”功能区中的“文档部件”库），可以在库列表中看到新建的构建基块，如图 1.55 所示。

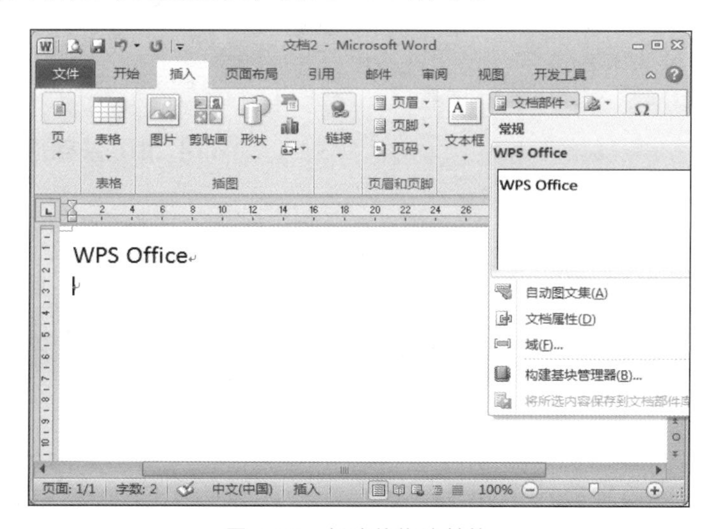

图 1.55　新建的构建基块

Word 2010 中的构建基块具有可编辑的特点，用户可以根据实际需要对 Word 2010 自带的构建基块和用户自定义的构建基块进行编辑，操作步骤如下。

（1）打开 Word 2010 文档窗口，切换到“插入”功能区。在“文本”分组中单击“文档部件”按钮，在打开的菜单中选择“构建基块管理器”选项。

（2）打开“构建基块管理器”对话框，在“构建基块”列表中选中准备编辑其属性的构建基块名称，并单击“编辑属性”按钮。

（3）在打开的“修改构建基块”对话框中，根据实际需要修改构建基块的“名称”“库”“说明”等属性。完成修改后单击“确定”按钮即可。

（4）打开询问是否重新定义构建基块的对话框，单击“是”按钮确认，则修改后的构建基块属性将被保存。

通过在 Word 2010 文档中插入 Word 2010 自带或自定义的构建基块，用户可以快速输入具有固定格式的文本、图片或表格等内容，从而提高工作效率。

用户可以根据实际需要（如不再使用的基块）删除自定义的构建基块或 Word 2010 自带的构建基块。

4. 显示文档结构图和缩略图

用户可以在 Word 2010 新添加的“导航窗格”中查看文档结构图和页面缩略图，从而帮助用户快速定位文档位置。在 Word 2010 文档窗口中显示“文档结构图”和“页面缩略图”的步骤如下。

（1）打开 Word 2010 文档窗口，切换到“视图”功能区。在“视图”功能区的“显示”分组中选中“导航窗格”复选框，如图 1.56 所示。

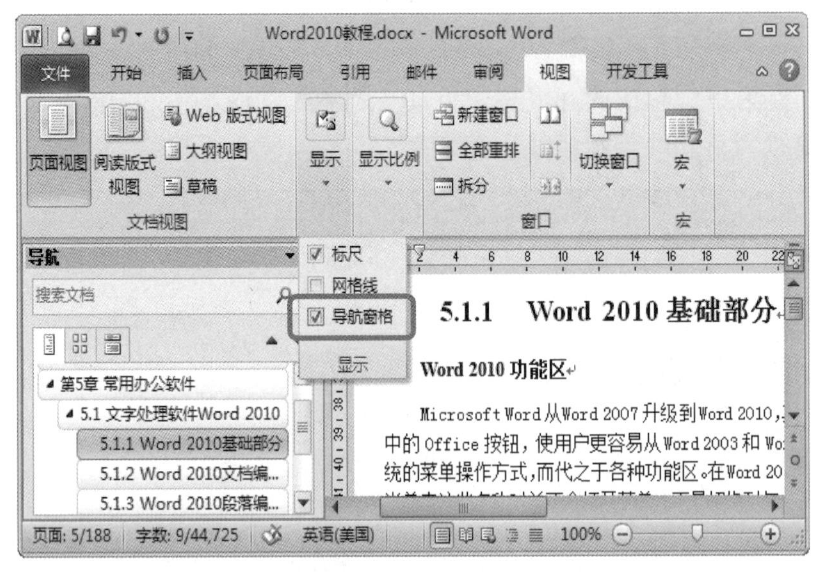

图 1.56 导航窗格

（2）在打开的导航窗格中，单击“浏览用户的文档中的标题”按钮可以查看文档结构图，从而通览 Word 2010 文档的标题结构。

在打开的导航窗格中，单击“浏览用户的文档中的页面”按钮可以查看到完整的Word 2010文档页面。如果想要取消显示导航窗格，则在“视图”功能区的“显示”分组中取消“导航窗格”即可。

5. 使用“撤销键入”或“恢复键入”功能

在编辑Word 2010文档的时候，如果所做的操作不合适，而想返回到当前结果前面的状态，则可以通过“撤销键入”或“恢复键入”功能实现。快速工具栏上的“撤销”和“恢复”按钮如图1.57所示。“撤销”功能可以保留最近执行的操作记录，用户可以按照从后到前的顺序撤销若干步骤，但不能有选择地撤销不连续的操作。用户可以按Alt+Backspace组合键执行撤销操作，也可以单击“快速访问工具栏”中的“撤销键入”按钮，或者按Ctrl+Z组合键撤销最近的一次操作。执行撤销操作后，还可以将文档恢复到最新编辑的状态。当执行一次“撤销”操作后，用户可以按Ctrl+Y组合键执行恢复操作。

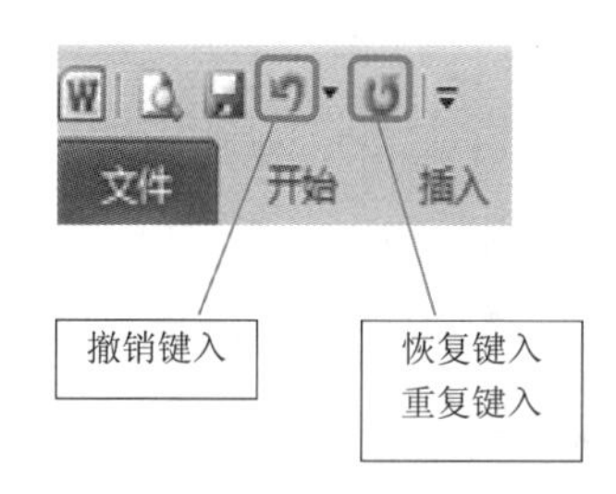

图1.57 快速工具栏的“撤销”和“恢复”按钮

“重复键入”功能可以在Word 2010中重复执行最后的编辑操作，例如重复输入文本、设置格式或重复插入图片、符号等。“重复键入”按钮和“恢复键入”按钮位于Word 2010文档窗口“快速访问工具栏”的相同位置。当用户进行编辑而未进行“撤销键入”操作时，则显示“重复键入”按钮，即一个向上指向的弧形箭头。当执行过一次“撤销键入”操作后，则显示“恢复键入”按钮，即一个向下指向的弧形箭头。“重复键入”和“恢复键入”按钮的快捷键都是Ctrl+Y组合键，用户可以单击文档窗口“快速访问工具栏”中的“重复键入”按钮，也可以按Ctrl+Y组合键执行重复键入操作。

6. 在Word 2010文档中插入符号

在Word 2010文档窗口中，用户可以通过“符号”对话框插入任意字体的任意字符和特殊符号，操作步骤如下。

（1）打开Word 2010文档窗口，切换到“插入”功能区。在“符号”分组中单击“符号”按钮。

（2）在打开的符号面板中可以看到一些最常用的符号，单击所需要的符号即可将其插入Word 2010文档中。如果符号面板中没有所需要的符号，可以单击“其他符号”按钮，如图1.58所示。

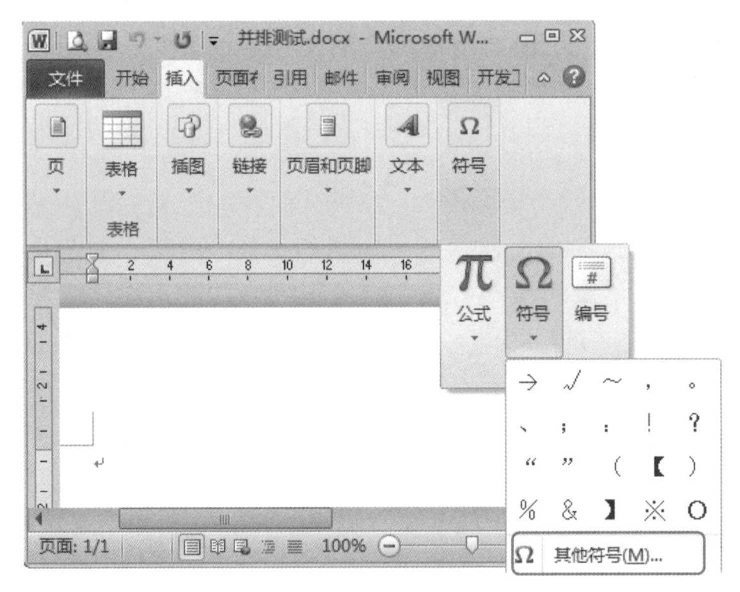

图 1.58　插入符号

（3）打开“符号”对话框，在“符号”选项卡中单击“子集”右侧的下拉三角按钮，在打开的下拉列表中选中合适的子集（如“数字形式”）。然后在符号表格中单击选中需要的符号，并单击“插入”按钮即可，如图 1.59 所示。

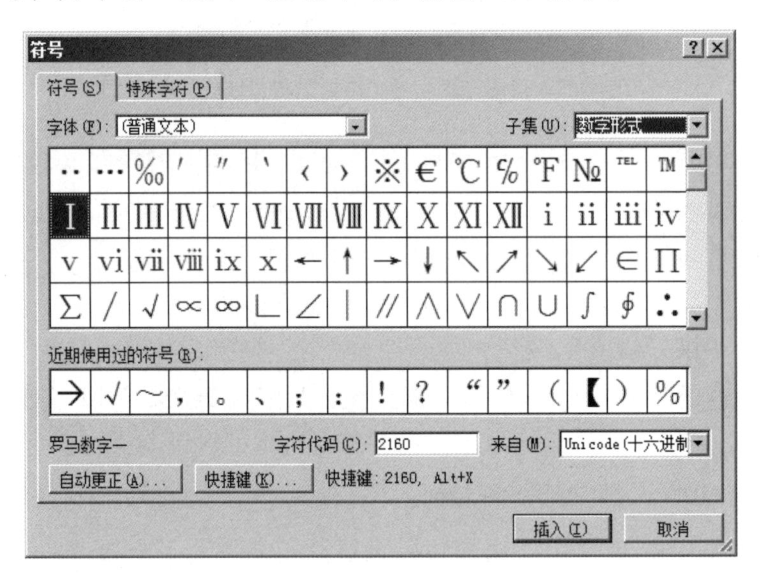

图 1.59　“符号”对话框

7. 文本的复制、剪切和粘贴操作

复制、剪切和粘贴操作是 Word 2010 中最常见的文本操作，其中复制操作是在原有文本保持不变的基础上，将所选中文本放入剪贴板；而剪切操作则是在删除原有文本的基础上将所选中文本放入剪贴板；粘贴操作则是将剪贴板的内容放到目标位置。在 Word 2010 文档中进行复制、剪切和粘贴操作的步骤如下。

（1）打开 Word 2010 文档窗口，选中需要剪切或复制的文本。然后在“开始”功能区的“剪贴板”分组单击“剪切”或“复制”按钮，或使用 Ctrl+X 组合键、Ctrl+C 组合键分别进行剪切和复制操作。

（2）在 Word 2010 文档中将插入点光标定位到目标位置，然后单击“剪贴板”分组中的“粘贴”按钮即可，或使用 Ctrl+V 组合键进行粘贴操作。

无论是 Word 2003、Word 2007 还是 Word 2010，通过拖动的方式移动或复制文本的功能始终被保留下来。如果想要复制被选中的文本，则需要在按住 Ctrl 键的同时拖动文本。在 Word 2010 中复制文本的步骤如下。

① 打开 Word 2010 文档窗口，选中需要移动或复制的文本内容。

② 将鼠标指针指向被选中的文本区域，按住左键拖动文本到目标位置。

③ 将被选中的文本移动或复制到目标位置后松开鼠标左键即可（如果在拖动文本的同时按住 Ctrl 键，则需要同时释放 Ctrl 键）。

8. 使用“选择性粘贴”

“选择性粘贴”功能可以帮助用户在 Word 2010 文档中有选择地粘贴剪贴板中的内容，例如可以将剪贴板中的内容以图片的形式粘贴到目标位置。在 Word 2010 文档中使用“选择性粘贴”功能的步骤如下。

（1）打开 Word 2010 文档窗口，选中需要复制或剪切的文本或对象，并执行“复制”或“剪切”操作。

（2）在“开始”功能区的“剪贴板”分组中单击“粘贴”按钮下方的下拉三角按钮，并单击下拉菜单中的“选择性粘贴”命令，或在粘贴的目标位置单击鼠标右键，在快捷菜单中单击“选择性粘贴”按钮，如图 1.60 所示。

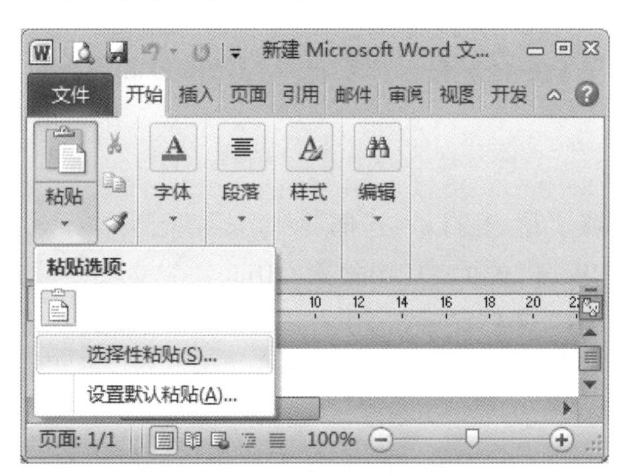

图 1.60 “选择性粘贴”命令

（3）在打开的“选择性粘贴”对话框中选中“粘贴”单选框，然后在“形式”列表中选中一种粘贴格式，例如选中“图片（增强型图元文件）”选项，并单击“确定”按钮，如图 1.61 所示。

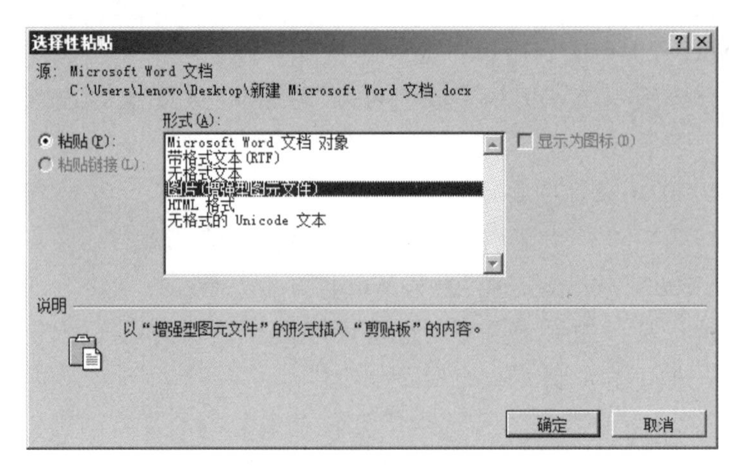

图 1.61 “图片（增强型图元文件）”选项

（4）剪贴板中的内容将以图片的形式被粘贴到目标位置。

在 Word 2010 文档中，当执行“复制”或“剪切”操作后，在目标地执行粘贴时会弹出“粘贴选项”快捷菜单供选择，包括“保留源格式”“合并格式”或“仅保留文本”3 个命令，如图 1.62 所示。其中，从左到右的命令分别如下所述。

图 1.62 “粘贴选项”命令

①“保留源格式”命令：被粘贴内容保留原始内容的格式。

②“合并格式”命令：被粘贴内容保留原始内容的格式，并且合并应用目标位置的格式。

③“仅保留文本”命令：被粘贴内容清除原始内容和目标位置的所有格式，仅仅保留文本。

9. Office 剪贴板

通过 Office 剪贴板，用户可以有选择地粘贴暂存于 Office 剪贴板中的内容，使粘贴操作更加灵活。在 Word 2010 文档中使用 Office 剪贴板的步骤如下。

（1）打开 Word 2010 文档窗口，选中一部分需要复制或剪切的内容，并执行“复制”或“剪切”命令。然后在“开始”功能区单击“剪贴板”分组右下角的“显示‘Office 剪贴板’任务窗格”按钮。

（2）在打开的 Word 2010“剪贴板”任务窗格中可以看到暂存在 Office 剪贴板中的项目列表，如果需要粘贴其中一项，只需单击该选项即可，如图 1.63 所示。

如果需要删除 Office 剪贴板中的其中一项内容或几项内容，可以单击该项目右侧的下拉三角按钮，在打开的下拉菜单中执行“删除”命令。如果需要删除 Office 剪贴板中的所有内容，可以单击 Office 剪贴板内容窗格顶部的“全部清空”按钮。

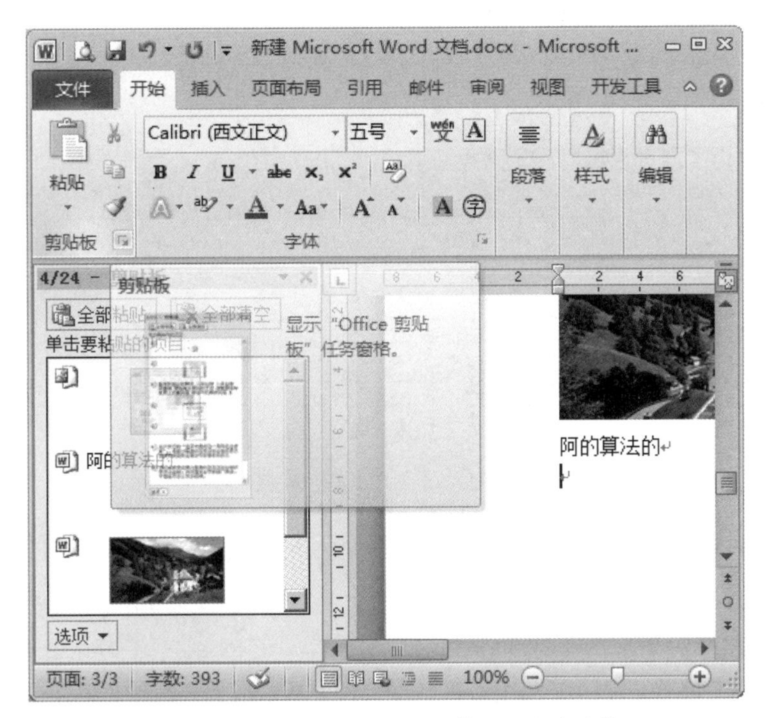

图 1.63　打开“Office 剪贴板”显示任务窗格

10. 在 Word 文档中使用“查找”功能

（1）借助 Word 2010 提供的“查找”功能，用户可以在 Word 2010 文档中快速查找特定的字符，操作步骤如下。

① 打开 Word 2010 文档窗口，将插入点光标移动到文档的开始位置。然后在“开始”功能区的“编辑”分组中单击“查找”按钮。

② 在打开的“导航”窗格编辑框中输入需要查找的内容，并单击搜索按钮即可。用户还可以在“导航”窗格中单击搜索按钮右侧的下拉三角，在打开的菜单中选择“高级查找”命令。在打开的“查找”对话框中切换到“查找”选项卡，然后在“查找内容”编辑框中输入要查找的字符，并单击“查找下一处”按钮。

③ 查找到的目标内容将以蓝色矩形底色标识，单击“查找下一处”按钮继续查找。

（2）在 Word 2010 中进行查找操作时，默认情况下每次只显示一个查找到的目标。用户也可以通过选择查找选项同时显示所有查找到的内容。同时显示的目标内容可以同时设置格式（如字体、字号、颜色等），但不能对个别目标内容进行编辑和格式化操作。在 Word 2010 中同时显示所有查找到的目标内容的步骤如下。

① 打开 Word 2010 文档窗口，在“开始”功能区的“编辑”分组中单击“查找”按钮。

② 在打开的“导航”窗格中单击搜索按钮右侧的下拉三角按钮，并在打开的菜单中选择“查找”命令。

③ 在打开的“查找和替换”对话框中切换到“查找”选项卡，在“查找内容”编

辑框中输入要查找的目标内容。单击“在以下项中查找”按钮，在打开的菜单中选择“主文档”命令，如图 1.64 所示。

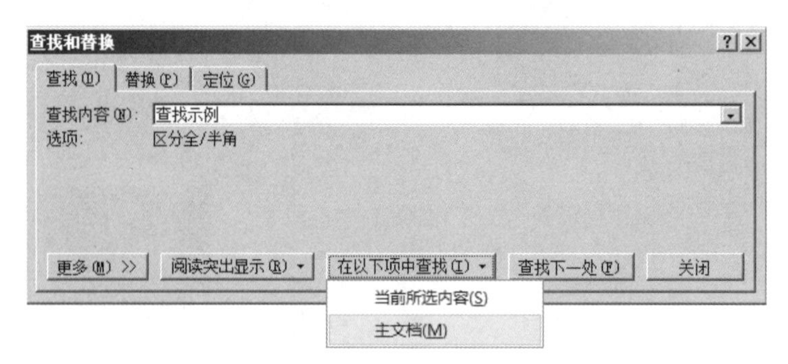

图 1.64　选择“主文档”命令

④ 所有查找到的目标内容都将被标识为蓝色矩形底色，用户可以同时对查找到的内容进行格式化设置。

（3）在 Word 2010 文档中可以突出显示查找到的内容，并为这些内容标识永久性标记。即使关闭“查找和替换”对话框，或针对 Word 2010 文档进行其他编辑操作，这些标记将持续存在。在 Word 2010 中突出显示查找到的内容的步骤如下。

① 打开 Word 2010 文档窗口，在“开始”功能区单击“编辑”分组的“查找”下拉三角按钮，并在打开的下拉菜单中选择“高级查找”命令。

② 在打开的“查找和替换”对话框中，在“查找内容”编辑框中输入要查找的内容，然后单击“阅读突出显示”按钮，并选择“全部突出显示”命令。

③ 可以看到所有查找到的内容都被标识以黄色矩形底色，并且在关闭“查找和替换”对话框或对 Word 2010 文档进行编辑时，该标识不会取消。如果需要取消这些标识，可以选择“阅读突出显示”菜单中的“清除突出显示”命令。

11. 在 Word 2010 中设置自定义查找选项

在 Word 2010 的“查找和替换”对话框中提供了多个选项供用户自定义查找内容，操作步骤如下。

（1）打开 Word 2010 文档窗口，在“开始”功能区的“编辑”分组中依次单击“查找→高级查找”按钮。

（2）在打开的“查找和替换”对话框中单击“更多”按钮，打开“查找和替换”对话框的扩展面板，在扩展面板中可以看到更多查找选项。

“查找和替换”对话框“更多”扩展面板选项的含义如下。

（1）搜索：在“搜索”下拉菜单中可以选择“向下”“向上”和“全部”选项选择查找的开始位置。

（2）区分大小写：查找与目标内容的英文字母大小写完全一致的字符。

（3）全字匹配：查找与目标内容的拼写完全一致的字符或字符组合。

（4）使用通配符：允许使用通配符（例如^#、^? 等）查找内容。

（5）同音（英文）：查找与目标内容发音相同的单词。

（6）查找单词的所有形式（英文）：查找与目标内容属于相同形式的单词，最典型的就是 is 的所有形式（如 are、were、was、am、be）。

（7）区分前缀：查找与目标内容开头字符相同的单词。

（8）区分后缀：查找与目标内容结尾字符相同的单词。

（9）区分全/半角：在查找目标时区分英文、字符或数字的全角、半角状态。

（10）忽略标点符号：在查找目标内容时忽略标点符号。

（11）忽略空格：在查找目标内容时忽略空格。

12. “替换”功能

（1）用户可以借助 Word 2010 的“查找和替换”功能快速替换 Word 文档中的目标内容，操作步骤如下。

① 打开 Word 2010 文档窗口，在“开始”功能区的“编辑”分组中单击“替换”按钮，或按 Ctrl+H 组合键。

② 打开“查找和替换”对话框，并切换到“替换”选项卡。在“查找内容”编辑框中输入准备替换的内容，在“替换为”编辑框中输入替换后的内容。如果希望逐个替换，则单击“替换”按钮，如果希望全部替换查找到的内容，则单击“全部替换”按钮，如图 1.65 所示。

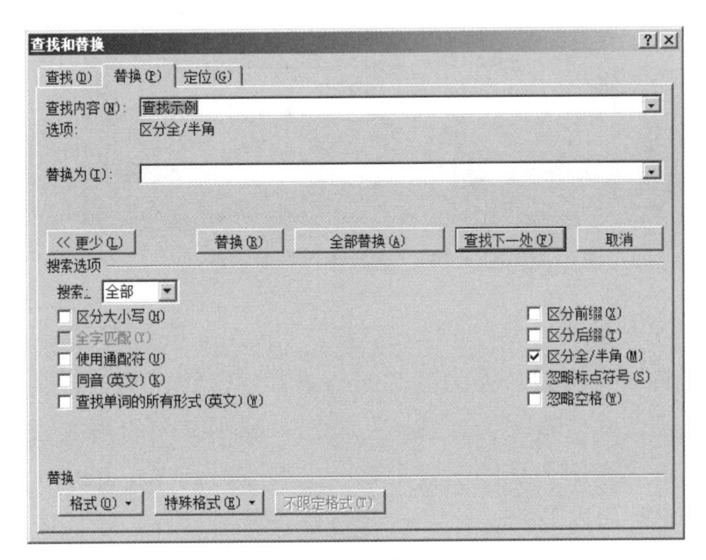

图 1.65 “替换”选项卡

③ 完成替换，单击“关闭”按钮关闭“查找和替换”对话框。还可以单击“更多”按钮展开搜索选项，进行更高级的自定义替换操作。单击“更少”按钮，则将搜索选项收缩起来。

（2）使用 Word 2010 的查找和替换功能，不仅可以查找和替换字符，还可以查找和替换字符格式（例如查找或替换字体、字号、字体颜色等格式），操作步骤如下。

① 打开 Word 2010 文档窗口，在“开始”功能区的“编辑”分组中依次单击“查找→高级查找”按钮。

② 在打开的“查找和替换”对话框中单击“更多”按钮，以显示更多的查找选项。

③ 在“查找内容”编辑框中单击鼠标左键，使光标位于编辑框中。然后单击“查找”区域的“格式”按钮。

④ 在打开的格式菜单中单击相应的格式类型（例如“字体”“段落”等），本实例单击“字体”命令。

⑤ 打开“查找字体”对话框，可以选择要查找的字体、字号、颜色、加粗、倾斜等选项，如图 1.66 所示。

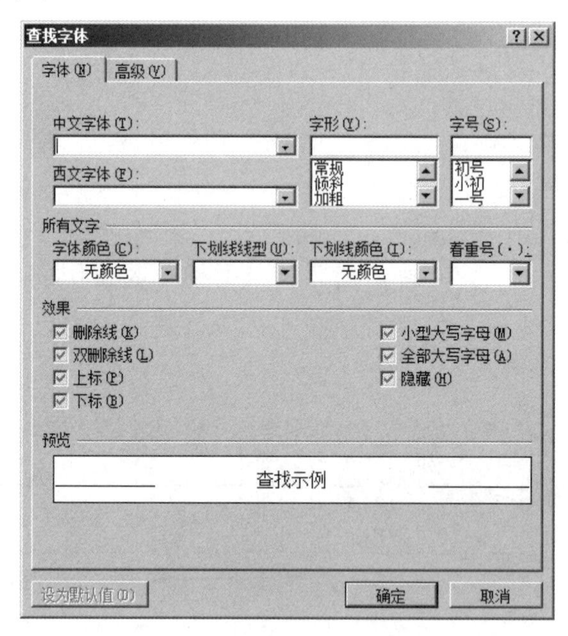

图 1.66 “查找字体”对话框

⑥ 返回“查找和替换”对话框，单击“查找下一处”按钮查找符合格式要求的文本。

（3）如果需要将原有格式替换为指定的格式，可以切换到“替换”选项卡。然后指定想要替换成的格式，并单击“全部替换”按钮。利用文档的查找替换功能可以删除文档中特殊的段落标记。当用户从网上复制一些文字资料到 Word 2010 文档中后，往往会出现很多手动换行符等特殊符号。由于这些特殊符号的存在，往往使得用户无法按照一般的方法设置文档格式。此时用户可以借助 Word 2010 替换特殊字符的功能将不需要的特殊字符删除或替换成另一种特殊字符，以便正常设置 Word 2010 文档格式。

下面以在 Word 2010 中将手动换行符替换成段落标记，并将多余的段落标记删除为例进行介绍，操作步骤如下。

① 打开含有手动换行符的 Word 2010 文档，在“开始”功能区的“编辑”分组中单击“替换”按钮。

② 在打开的“查找和替换”对话框中，确认“替换”选项卡为当前选项卡。单击

“更多”按钮，在“查找内容”编辑框中单击鼠标左键。然后单击“特殊格式”按钮，在打开的“特殊格式”菜单中单击“手动换行符”命令。

③ 单击“替换为”编辑框，然后单击“特殊格式”按钮，在打开的“特殊格式”菜单中单击“段落标记”命令。

④ 在“查找和替换”对话框中单击“全部替换”按钮，如图 1.67 所示。

⑤“查找和替换”工具开始将“手动换行符”替换成段落标记，完成替换后弹出提示信息，显示完成搜索并替换了多少处，然后单击“确定”按钮退出替换。

⑥ 如果将“手动换行符”替换成“段落标记”后出现很多空白段落，可以通过替换的方法将这些空白段落删除。在“替换”选项卡的“查找内容”编辑框中输入两个段落标记，然后在“替换为”编辑框中输入一个段落标记。输入完毕单击“全部替换”按钮即可。

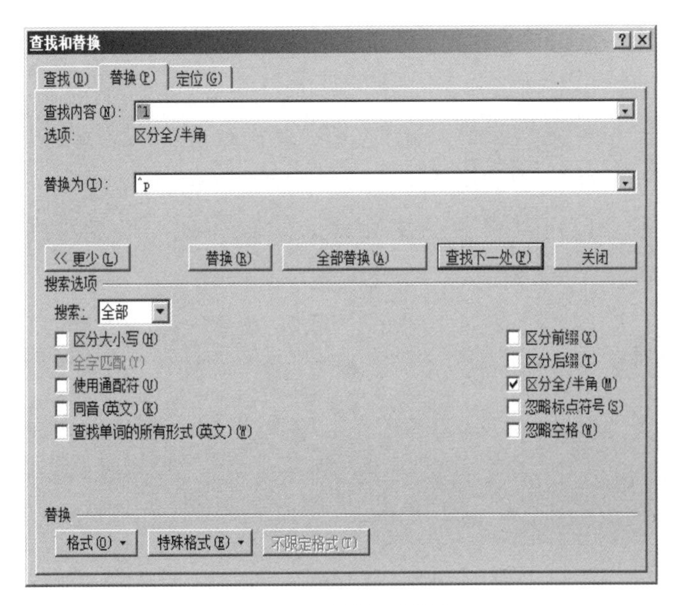

图 1.67　特殊格式替换

其他特殊字符的替换根据实际需要自行组织操作。

操作技巧 1.2　为文档插入页眉和页脚，具体操作可扫描二维码查看。

操作技巧 1.3　为文档添加脚注与尾注，具体操作可扫描二维码查看。

操作技巧 1.2

操作技巧 1.3

1.5　设置文档格式

1. 显示或隐藏段落标记

默认情况下，Word 2010 文档中始终显示段落标记。段落标记符号主要包括制表符、空格、段落标记、隐藏文字、可选连字符、对象位置、可选分隔符、显示所有格式标记。用户需要进行必要的设置才能在显示和隐藏段落标记两种状态间切换，操作步骤如下。

（1）打开 Word 2010 文档窗口，依次单击“文件→选项”按钮。

（2）在打开的“Word 选项”对话框中切换到“显示”选项卡，在“始终在屏幕上显示这些格式标记”区域取消“段落标记”复选框，并单击“确定”按钮。

（3）返回 Word 2010 文档窗口，在“开始”功能区的“段落”分组中单击“显示/隐藏编辑标记”按钮，从而在显示和隐藏段落标记两种状态间进行切换。

2. 设置行距

所谓行距就是指 Word 2010 文档中行与行之间的距离，用户可以将 Word 2010 文档中的行距设置为固定的某个值（如 20 磅），也可以是当前行高的倍数。通过设置行距可以使 Word 2010 文档页面更适合打印和阅读，用户可以通过“行距”列表快速设置最常用的行距，操作步骤如下。

（1）打开 Word 2010 文档窗口，选中需要设置行距的段落或全部文档。

（2）在“开始”功能区的“段落”分组中单击“行距”按钮，并在打开的行距列表中选中合适的行距。也可以单击“增加段前间距”或“增加段后间距”设置段落和段落之间的距离，如图 1.68 所示。

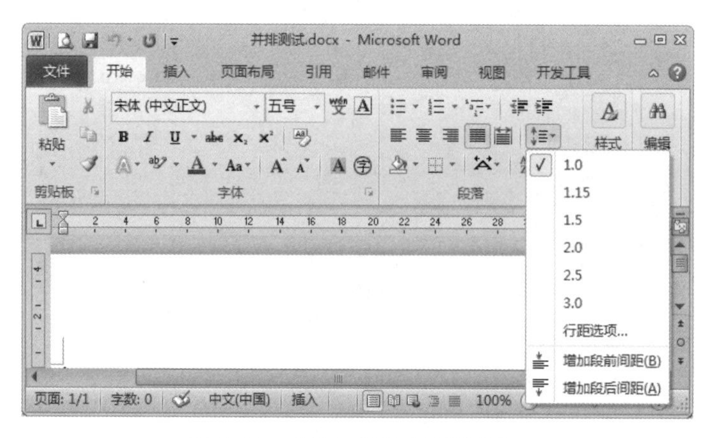

图 1.68 快速设置行距和段间距

打开“开始”功能区的“段落”对话框，如图 1.69 所示。在“行距”下拉列表中包含 6 种行距类型，分别具有如下含义。

① 单倍行距：行与行之间的距离为标准的 1 倍。

② 1.5 倍行距：行与行之间的距离为标准行距的 1.5 倍。

③ 2 倍行距：行与行之间的距离为标准行距的 2 倍。

④ 最小值：行与行之间使用大于或等于单倍行距的最小行距值，如果用户指定的最小值小于单倍行距，则使用单倍行距，如果用户指定的最小值大于单倍行距，则使用指定的最小值。

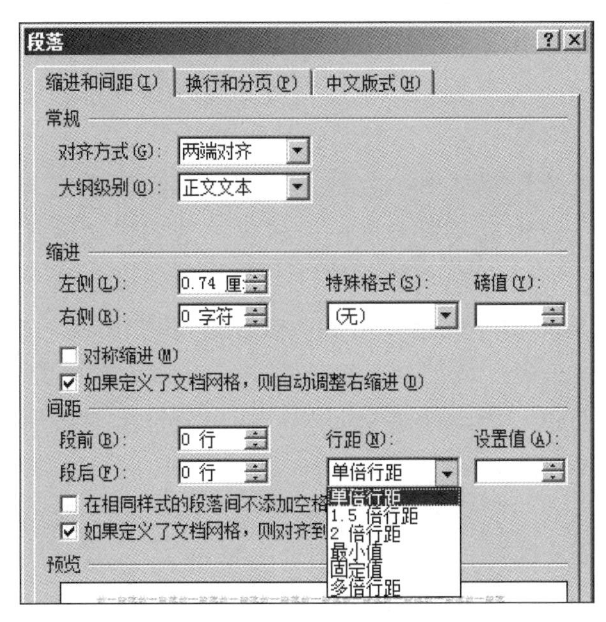

图 1.69 “段落”对话框中的行距

⑤ 固定值：行与行之间的距离使用用户指定的值，需要注意该值不能小于字体的高度。

⑥ 多倍行距：行与行之间的距离使用用户指定的单倍行距的倍数值。

在“行距”下拉列表中选择合适的行距，并单击“确定”按钮。默认情况下，Word 2010 文档的行距使用“单倍行距”。

3. 设置段落间距

段落间距是指段落与段落之间的距离，通过设置 Word 2010 文档段落间距，可以使 Word 2010 文档中不同意义的段落之间保持特定距离，从而增强可读性。使得文档在阅读过程中有层次感和分段性。在 Word 2010 中，用户可以通过多种渠道设置段落间距，操作方法分别介绍如下。

（1）方法 1：在 Word 2010 文档窗口中选中需要设置段落间距的段落，然后在“开始”功能区的“段落”分组中单击“行和段落间距”按钮。在打开的“行和段落间距”列表中单击“增加段前间距”和“增加段后间距”命令，以设置段落间距。

（2）方法 2：在 Word 2010 文档窗口中选中需要设置段落间距的段落，在“开始”功能区的“段落”分组中单击显示段落对话框按钮。打开“段落”对话框，在“缩进和间距”选项卡中设置“段前”和“段后”的数值，以设置段落间距，如图 1.69 的“间距”区域所示。

（3）方法 3：在 Word 2010 文档窗口切换到“页面布局”功能区，在“段落”分组中调整“段前”和“段后”间距的数值，以设置段落间距。

4. 段落缩进

通过设置段落缩进，可以调整 Word 2010 文档正文内容与页边距之间的距离。用户可以在 Word 2010 文档中的“段落”对话框中设置段落缩进，操作步骤如下。

（1）打开 Word 2010 文档窗口，选中需要设置段落缩进的文本段落。在“开始”功能区的“段落”分组中单击显示段落对话框按钮。

（2）在打开的“段落”对话框中找到“缩进和间距”选项卡，在“缩进”区域调整“左侧”或“右侧”编辑框设置缩进值。然后单击“特殊格式”下拉三角按钮，在下拉列表中选中“首行缩进”或“悬挂缩进”选项，并设置缩进值（通常情况下设置缩进值为 2）。设置完毕单击“确定”按钮。或在窗口“开始”功能区的“段落”分组中找到并单击“减少缩进量”或“增加缩进量”按钮设置文档的缩进量。

需要注意的是，使用“增加缩进量”和“减少缩进量”按钮只能在页边距以内设置缩进，而不能超出页边距。

除此之外，在窗口的“页面布局”功能区中，也可以快速设置被选中文档的缩进值。或借助文档窗口中的标尺，用户可以很方便地设置 Word 文档段落缩进。操作步骤如下。

（1）打开 Word 2010 文档窗口，切换到“视图”功能区。在“显示/隐藏”分组中选中“标尺”复选框。

（2）在标尺上出现 4 个缩进滑块，拖动首行缩进滑块可以调整首行缩进；拖动悬挂缩进滑块设置悬挂缩进的字符；拖动左缩进和右缩进滑块设置左右缩进。

5. 设置段落对齐方式

对齐方式的应用范围为段落，在 Word 2010 的“开始”功能区和“段落”对话框中均可以设置文本对齐方式，分别介绍如下。

（1）方式 1：打开 Word 2010 文档窗口，选中需要设置对齐方式的段落。然后在“开始”功能区的“段落”分组中分别单击“左对齐”按钮、“居中对齐”按钮、“右对齐”按钮、“两端对齐”按钮和“分散对齐”按钮设置对齐方式，如图 1.70 所示。

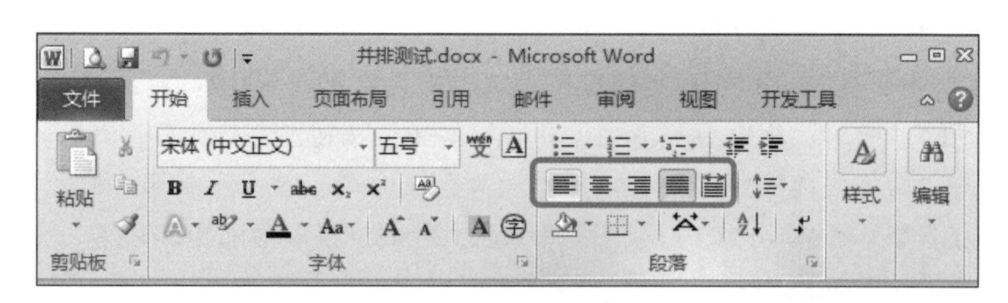

图 1.70 选择对齐方式按钮

（2）方式 2：打开 Word 2010 文档窗口，选中需要设置对齐方式的段落。在“开始”功能区的“段落”分组中单击显示段落对话框按钮，在打开的“段落”对话框中单击“对齐方式”下拉三角按钮，然后在“对齐方式”下拉列表中选择合适的对齐方式，如图 1.71 所示。

图 1.71　“段落”对话框中的“对齐方式”

6. 设置段落边框与底纹

（1）通过在 Word 2010 文档中插入段落边框，可以使相关段落的内容更突出，从而便于读者阅读。段落边框的应用范围仅限于被选中的段落。和以前的版本相比，在 Word 2010 文档中设置段落的边框和底纹更加方便快捷。操作步骤如下。

① 打开 Word 2010 文档窗口，选择需要设置边框的段落。

② 在“开始”功能区的“段落”分组中单击边框下拉三角按钮，在打开的边框列表中选择合适的边框（例如选择所有框线并单击鼠标左键），即可看到插入的段落边框，如图 1.72 所示。

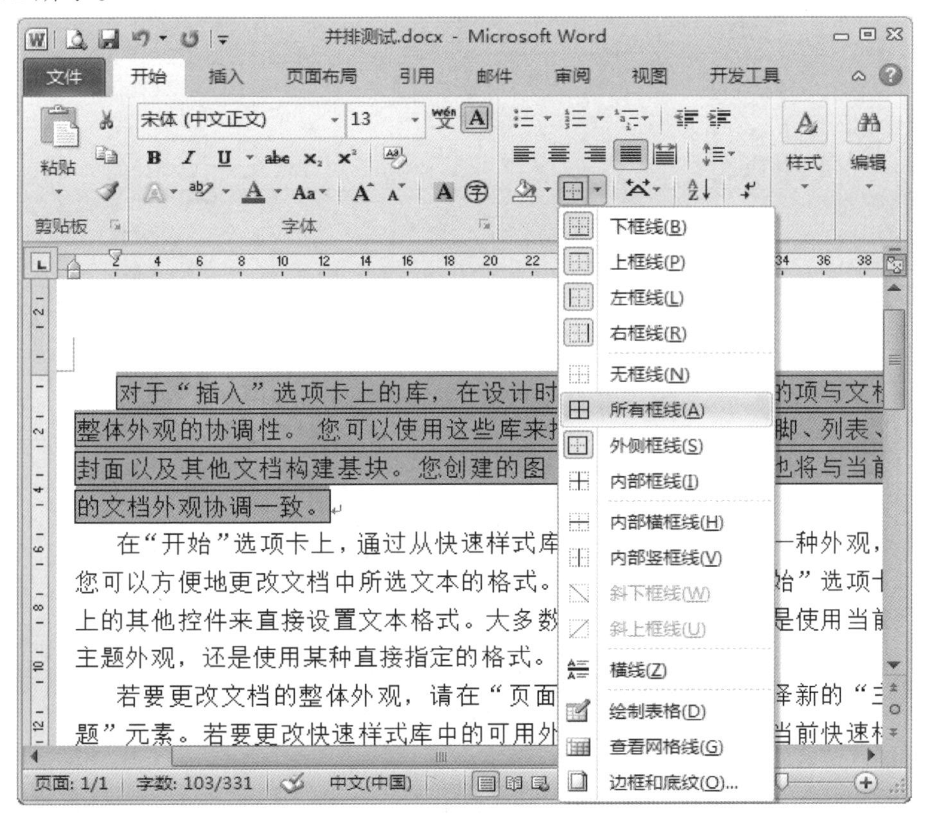

图 1.72　段落分组中的边框

（2）通过在 Word 2010 文档中插入段落边框，可以使相关段落的内容更加醒目，从而增强 Word 文档的可读性。默认情况下，段落边框的格式为黑色单直线。用户可以设置段落边框的格式，使其更美观。在 Word 2010 文档中设置段落边框格式的步骤如下。

① 打开 Word 2010 文档窗口，在“开始”功能区的“段落”分组中单击“边框和底纹”下拉三角按钮，并在打开的菜单中选择“边框和底纹”命令。

② 在打开的“边框和底纹”对话框中，分别设置边框样式、边框颜色以及边框的宽度。然后单击“应用于”下拉三角按钮，在下拉列表中选择“段落”选项，并单击“选项”按钮，如图 1.73 所示。

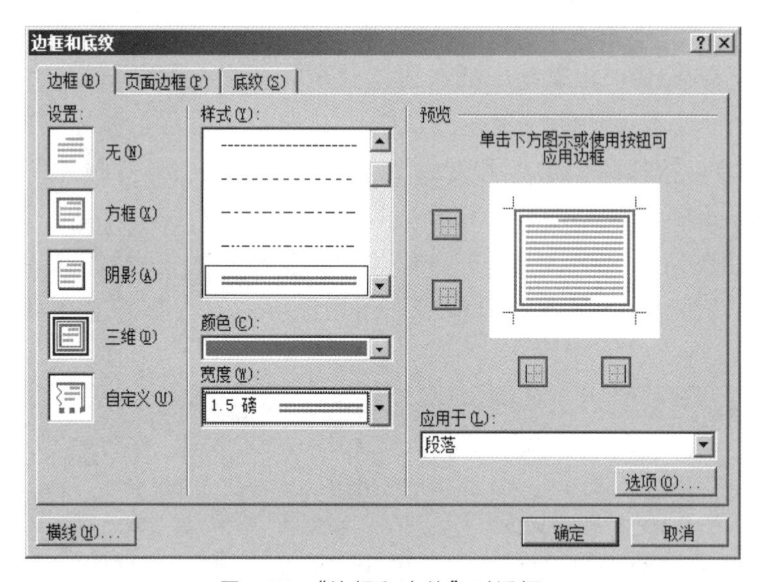

图 1.73 “边框和底纹”对话框

③ 打开“边框和底纹选项”对话框，在“距正文边距”区域设置边框与正文的边距数值，并单击“确定”按钮，如图 1.74 所示。

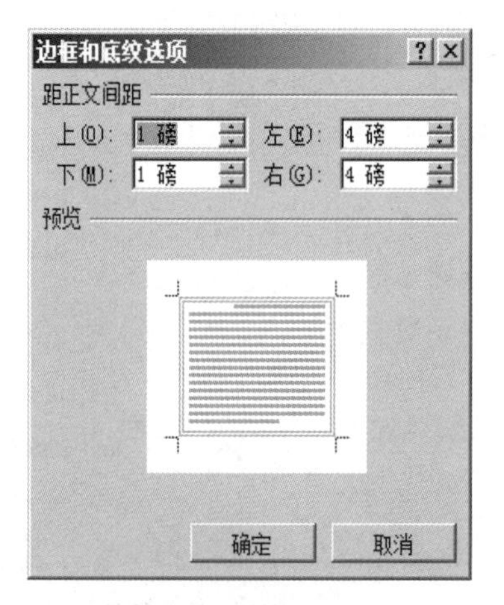

图 1.74 “边框和底纹选项”对话框

④ 返回“边框和底纹”对话框，单击“确定”按钮。返回文档窗口，选中需要插入边框的段落，插入新设置的边框即可。

(3)通过设置段落底纹，可以突出显示重要段落的内容，增强可读性。在 Word 2010 中设置段落底纹的步骤如下。

① 打开 Word 2010 文档窗口，选中需要设置底纹的段落。

② 在“开始”功能区的“段落”分组中单击“底纹”下拉三角按钮，在打开的底纹颜色面板中选择合适的颜色即可，如图 1.75 所示。

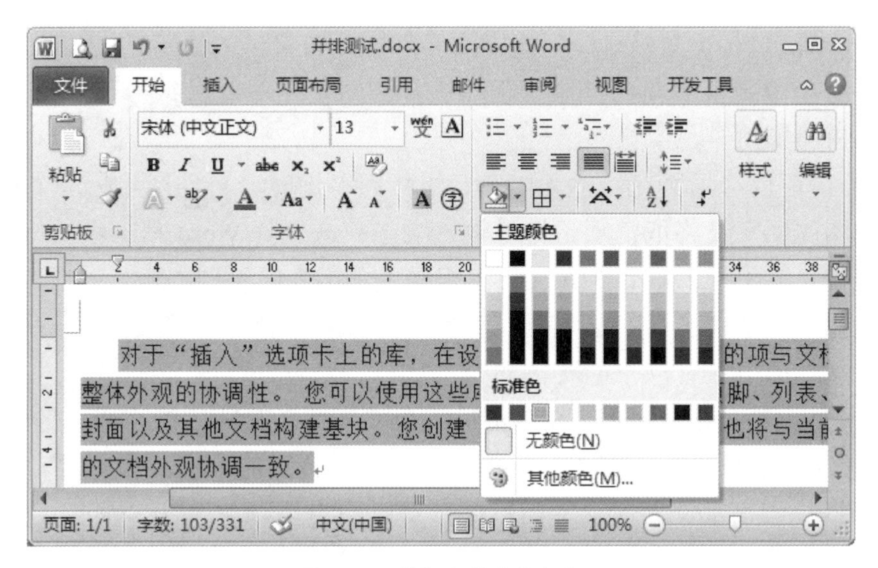

图 1.75　选择段落底纹颜色

(4)用户不仅可以在 Word 2010 文档中为段落设置纯色底纹，还可以为段落设置图案底纹，使设置底纹的段落更美观。操作步骤如下。

① 打开文档窗口，选中需要设置图案底纹的段落。在“开始”功能区的“段落”分组中单击“边框和底纹”下拉三角按钮，并在打开的边框下拉列表中选择“边框和底纹”命令。

② 在打开的“边框和底纹”对话框中切换到“底纹”选项卡，在“图案”区域分别选择图案样式和图案颜色，并单击“确定”按钮即可。

(5)在 Word 2010 文档中设置段落分页选项，可以有效控制段落在两页之间的断开方式。在“开始”功能区单击“段落”分组中的显示段落对话框按钮。在打开的“段落”对话框中切换到“换行和分页”选项卡，在“分页”区域含有 4 个与分页有关的选项，每项的功能简介如下。

① 孤行控制：当段落被分开在两页中时，如果该段落在任何页的内容只有一行，则该段落将完全放置到下一页。

② 与下段同页：当前选中的段落与下一段落始终保持在同一页中。

③ 段中不分页：禁止在段落中间分页，如果当前页无法完全放置该段落，则该段

落内容将完全放置到下一页。

④ 段前分页：在选中段落前插入分页符。

根据实际需要选中合适的复选框，并单击“确定”按钮即可。

7. **项目符号与编号**

（1）项目符号主要用于区分 Word 2010 文档中不同类别的文本内容，使用原点、星号等符号表示项目符号，并以段落为单位进行标识。在 Word 2010 中输入项目符号的方法如下。

① 打开 Word 2010 文档窗口，选中需要添加项目符号的段落。在“开始”功能区的“段落”分组中单击“项目符号”下拉三角按钮。在“项目符号”下拉列表中选中合适的项目符号即可。

② 在当前项目符号所在行输入内容，当按回车键时会自动产生另一个项目符号。如果连续按两次回车键将取消项目符号输入状态，恢复到 Word 常规输入状态。

（2）编号主要用于 Word 2010 文档中相同类别文本的不同内容，一般具有顺序性。编号一般使用阿拉伯数字、中文数字或英文字母，以段落为单位进行标识。在 Word 2010 文档中输入编号的方法有以下两种。

① 方式 1：打开 Word 2010 文档窗口，在“开始”功能区的“段落”分组中单击“编号”下拉三角按钮。在“编号”下拉列表中选中合适的编号类型即可。

在当前编号所在行输入内容，当按回车键时会自动产生下一个编号。如果连续按两次回车键将取消编号输入状态，恢复到 Word 常规输入状态。

② 方式 2：打开文档窗口，选中准备输入编号的段落。在“开始”功能区的“段落”分组中单击“编号”下拉三角按钮，在打开的“编号”下拉列表中选中合适的编号即可。

（3）借助 Word 2010 中的“键入时自动套用格式”功能，用户可以在直接输入数字的时候自动生成编号。为了实现这个目的，首先需要启用自动编号列表自动套用选项。在 Word 2010 中使用“键入时自动套用格式”生成编号的步骤如下。

① 打开 Word 2010 文档窗口，依次单击“文件→选项”按钮。

② 在打开的“Word 选项”对话框中切换到“校对”选项卡，在“自动更正选项”区域单击“自动更正选项”按钮。

③ 打开“自动更正”对话框，切换到“键入时自动套用格式”选项卡。在“键入时自动应用”区域确认“自动编号列表”复选框处于选中状态，并单击“确定”按钮。

④ 返回 Word 2010 文档窗口，在文档中输入任意数字（例如，输入阿拉伯数字 1），然后按 Tab 键。接着输入具体的文本内容，按回车键自动生成编号。连续按两次回车键将取消编号状态，或者在“开始”功能区的“段落”分组中单击“编号”下拉三角按钮，在打开的编号列表中选择“无”选项，取消自动编号状态。

（4）在文档已经创建的编号列表中，用户可以从编号中间任意位置重新开始编号，操作步骤如下。

① 打开 Word 2010 文档窗口，并将插入点光标移动到需要重新编号的段落。

② 在“开始”功能区的“段落”分组中单击“编号”下拉三角按钮，选择“设置编号值”选项。

③ 打开“起始编号”对话框，选中“开始新列表”单选框，并调整“值设置为”编辑框的数值（例如起始数值设置为 1），并单击“确定”按钮，如图 1.76 所示。

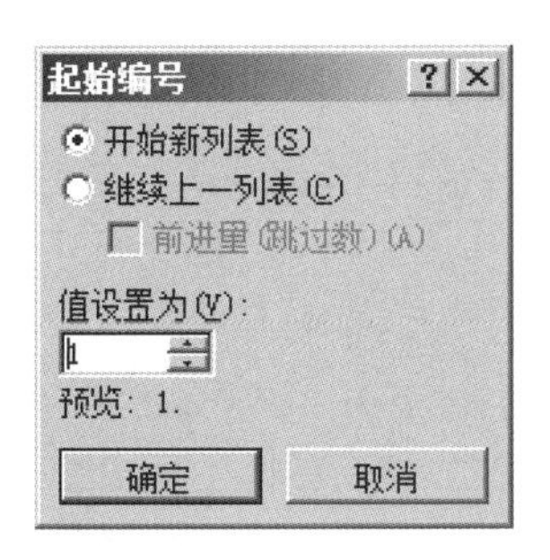

图 1.76 “起始编号”对话框

④ 返回 Word 2010 文档窗口，可以看到编号列表已经进行了重新编号。

（5）在 Word 2010 的编号格式库中内置有多种编号，用户还可以根据实际需要定义新的编号格式。操作步骤如下。

① 打开 Word 2010 文档窗口，在“开始”功能区的“段落”分组中单击“编号”下拉三角按钮，并在打开的下拉列表中选择“定义新编号格式”选项。

② 在打开的“定义新编号格式”对话框中单击“编号样式”下拉三角按钮，在“编号样式”下拉列表中选择一种编号样式，并单击“字体”按钮，如图 1.77 所示。

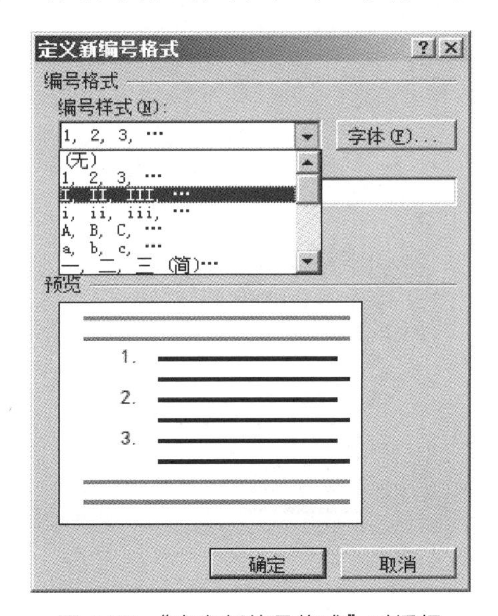

图 1.77 “定义新编号格式”对话框

③ 打开“字体”对话框，根据实际需要设置编号的字体、字号、字体颜色、下画

线等项目（注意不要设置“效果”选项），并单击“确定”按钮，如图 1.78 所示。

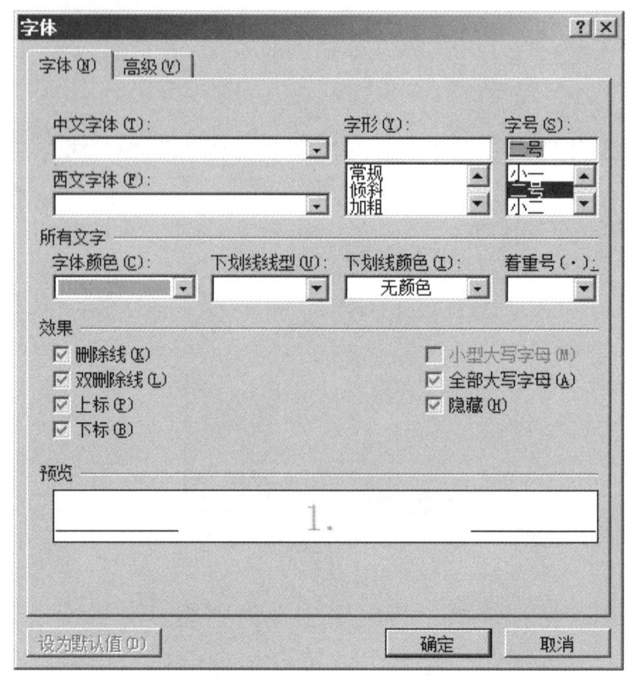

图 1.78 “字体”对话框

④ 返回“定义新编号格式”对话框，在“编号格式”编辑框中保持灰色阴影编号代码不变，根据实际需要在代码前面或后面输入必要的字符。例如，在前面输入“5.”，并将默认添加的小点删除。然后在“对齐方式”下拉列表中选择合适的对齐方式，并单击“确定”按钮，如图 1.79 所示。

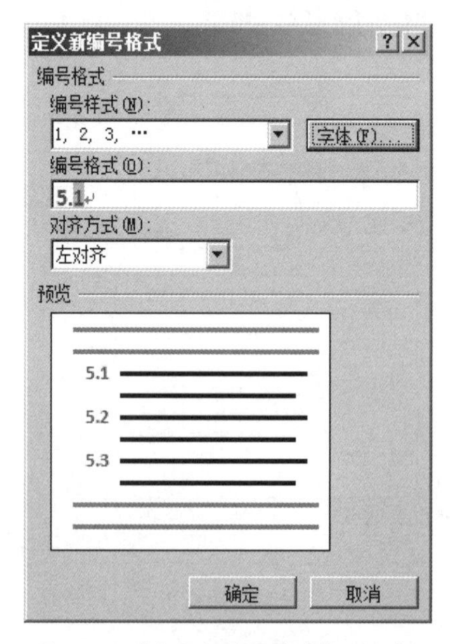

图 1.79 “定义新编号格式”对话框

⑤ 返回 Word 2010 文档窗口，在“开始”功能区的“段落”分组中单击“编号”下拉三角按钮，在打开的编号下拉列表中可以看到定义的新编号格式，如图 1.80 所示。

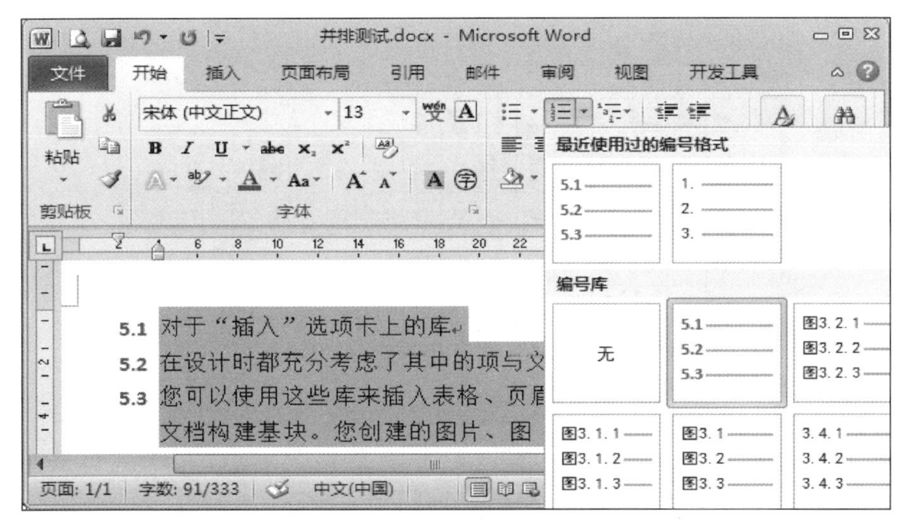

图 1.80　定义的新编号格式

8. 在 Word 2010 中定义新项目符号

在 Word 2010 中内置有多种项目符号，用户可以在 Word 2010 中选择合适的项目符号，也可以根据实际需要定义新项目符号，使其更具有个性化特征（例如将单位的 Logo 作为项目符号）。在 Word 2010 中定义新项目符号的步骤如下。

（1）打开 Word 文档窗口，在“开始”功能区的“段落”分组中单击“项目符号”下拉三角按钮。在打开的“项目符号”下拉列表中选择“定义新项目符号”选项。

（2）在打开的“定义新项目符号”对话框中，用户可以单击“符号”按钮或“图片”按钮来选择项目符号的属性。首先单击“符号”按钮，如图 1.81 所示。

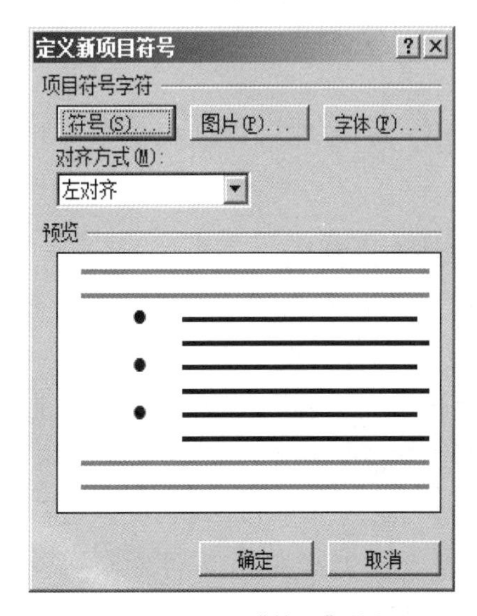

图 1.81　单击“符号”按钮

（3）打开“符号”对话框，在“字体”下拉列表中可以选择字符集，然后在字符列表中选择合适的字符，并单击“确定”按钮，如图 1.82 所示。

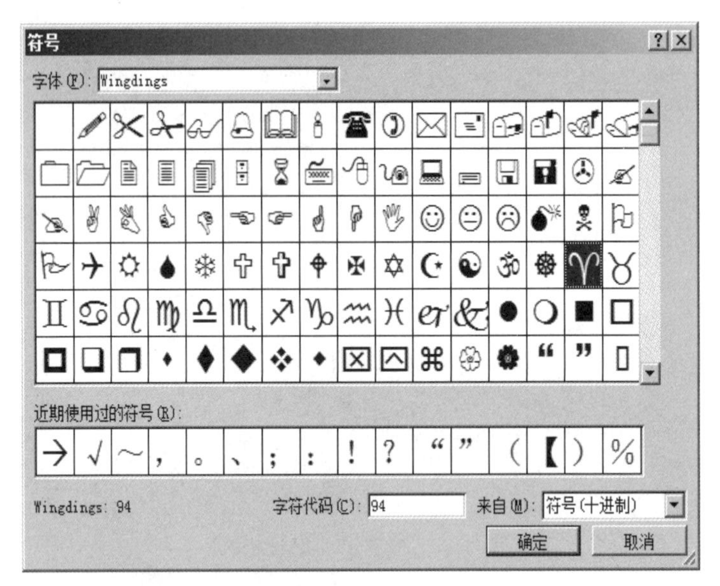

图 1.82 “符号”对话框

（4）返回“定义新项目符号”对话框，如果继续定义图片项目符号，则单击“图片”按钮。

（5）打开“图片项目符号”对话框，在图片列表中含有多种适用于做项目符号的小图片，可以从中选择一种图片。如果需要使用自定义的图片，则需要单击“导入”按钮。

（6）在打开的“将剪辑添加到管理器”对话框中查找并选中自定义的图片，并单击“添加”按钮。

（7）返回“图片项目符号”对话框，在图片符号列表中选择添加的自定义图片，并单击“确定”按钮。

（8）返回“定义新项目符号”对话框，可以根据需要设置对齐方式，最后单击“确定”按钮即可。

9. 在 Word 2010 文档中插入多级编号列表

所谓多级列表是指 Word 文档中编号或项目符号列表的嵌套，以实现层次效果。在 Word 2010 文档中可以插入多级列表，操作步骤如下。

（1）打开 Word 2010 文档窗口，在“开始”功能区的“段落”分组中单击“多级列表”按钮。在打开的多级列表面板中选择多级列表的格式，如图 1.83 所示。

（2）按照插入常规编号的方法输入条目内容，然后选中需要更改编号级别的段落。单击“多级列表”按钮，在打开的面板中指向“更改列表级别”选项，并在打开的下一级菜单中选择编号列表的级别。

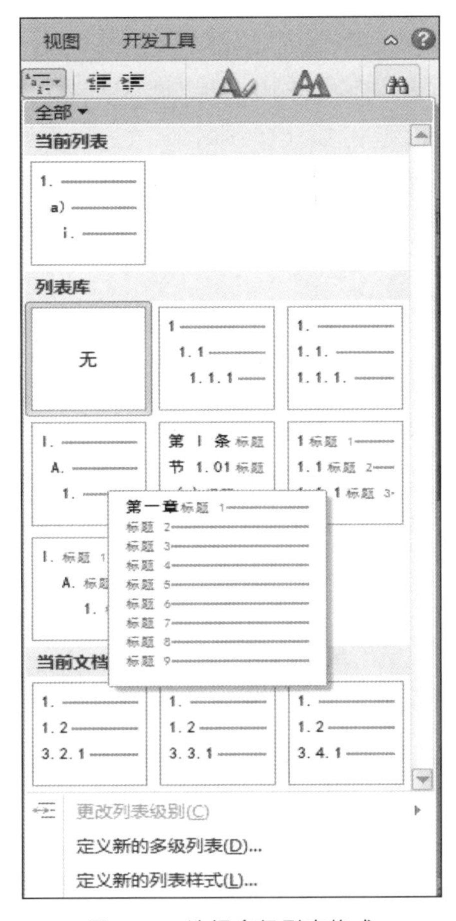

图 1.83　选择多级列表格式

（3）返回 Word 2010 文档窗口，可以看到创建的多级列表。

在 Word 2010 文档中输入多级列表时有一个快捷的方法，就是使用 Tab 键辅助输入编号列表。首先在打开的 Word 2010 文档窗口的“开始”功能区找到“段落”分组，单击“编号”下拉三角按钮。在打开的“编号”下拉列表中选择一种编号格式，然后在第一级编号后面输入具体内容并按回车键。不要输入编号后面的具体内容，直接按 Tab 键即可开始下一级编号列表。如果下一级编号列表格式不合适，可以在“编号”下拉列表中进行设置。第二级编号列表的内容输入完成以后，连续按两次回车键可以返回上一级编号列表。

操作技巧 1.4　快速输入大写中文数字，具体操作可扫描二维码查看。

操作技巧 1.4

1.6　制作图文混排的文档

字处理系统不仅仅局限于对文字进行处理，而是已经把处理范围扩大到图片、表格以及绘图领域。Word 在处理图形方面也有它的独到之处，真正做到了“图文并茂”。

Word 2010 具有极其强大的图文混排功能，用户可以在文档中输入一些图形来增强文档的说服力。这些图形可以是由 Word 2010“插入”功能区的“形状”分组中提供的基本图元进行绘制的，也可以是由其他绘图软件建立以后，通过剪贴板或文件插入到 Word 文档中的。Word 2010 提供了一组艺术图片剪辑库，从地图到人物，从建筑到风景名胜应有尽有。用户可以很方便地调用这些图片，将其插入到自己的文档中，然后根据需要进行编辑处理。

1. 插入剪贴画和图片

Word 在剪辑库中包含有大量的剪贴画，在所有媒体文件类型中分为“插图”“照片”“视频”和“音频”4 种。用户可以直接将它插入到文档中，具体操作步骤如下。

（1）打开 Word 2010 文档窗口，将插入点置于文档中要插入剪贴画的位置，在“插入”功能区的“插图”分组中单击“剪贴画”按钮。窗口右侧弹出“剪贴画”窗格，如图 1.84 所示。

图 1.84 “剪贴画”窗格

（2）打开“剪贴画”任务窗格，单击“搜索文字”编辑框右边的“搜索”按钮，将各种类型的剪贴画搜索出来，或在“搜索文字”编辑框中输入准备插入的剪贴画的关键字（例如“运动”）。如果当前计算机处于联网状态，则可以选中“包括 Office.com 内容”复选框。

2. 插入图形文件

用户可以直接从硬盘、光盘或网络上将指定的图片文件插入自己的文档中。具体操作时，单击“插入”功能区的“图片”按钮，在打开的“插入图片”对话框中确定欲插入图片所在的盘符、文件夹、文件名和文件类型，单击“插入”按钮即可将所选中的图片插入文档中的指定位置。

3. 编辑、修改插入的图片

当用户单击鼠标选中已经插入文档中的图片后，功能区上方自动弹出一个“图片工具格式”的功能区按钮，单击按钮显示图片操作功能，如删除背景、更正亮度、颜色设置、艺术效果设置、压缩图片、更改图片等。在图片样式中，Word 2010 中提供了丰富的图片样式供用户选择，用户可以根据需要选择合适的图片边框、图片效果以及版式。在排列分组中可以调整图片的位置、对齐方式、旋转操作，还可以设置图片与文字之间的混合排版格式。在大小分组中可以对图片进行裁剪，调整其高度和宽度值。在当用户要返回到文档中时，在图片的周围其他任意位置单击鼠标即可。

4. 插入艺术字

在文档排版过程中，若想使文档的标题生动、活泼，可使用 Word 2010 提供的“艺术字”功能生成具有特殊视觉效果的标题或者非常漂亮的文档。Word 2010 将以前版本的艺术字库拆分成了 30 种样式，如图 1.85 所示。

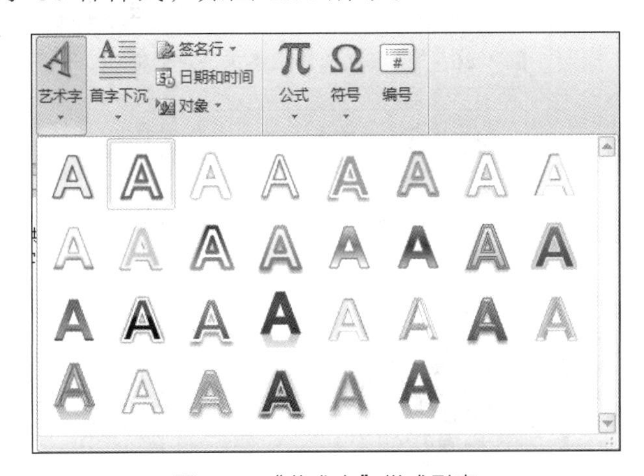

图 1.85　“艺术字”样式列表

首先将插入点移到要插入艺术字的位置，然后选取“插入”功能区的“艺术字”按钮，在艺术字的下拉列表中任选一种样式并编辑文字信息，设置好的艺术字将以图片的形式浮于文字上方。选中艺术字图片，文档窗口的功能区选项右侧就会出现一个绘图工具的格式功能选项，利用该功能区的各种选项（主要的效果设置在“艺术字样式”分组）可以进一步设置艺术字的效果。如“设置文本效果格式”对话框，如图 1.86 所示。

编辑处理后的艺术字图片与周围文字的混合排版方式可以在“自动换行”里选择一种文字环绕的版式。

5. 绘制图形

Word 2010 中提供了更多新的绘图工具，可以通过选择“插入”功能区中的形状下拉按钮里提供的任何图元轻松绘制出所需要的图形。“形状”下拉列表中的“自选图形”有线条、各种矩形、基本形状、箭头总汇、公式形状、流程图、星与旗帜以及各种标注，如图 1.87 所示。用户能够任意改变自选图形的形状，可以在文档中使用这些图形，重新调整图形大小，也可以对其进行旋转、翻转、添加颜色，并与其他图形组合成更为复杂的图形。

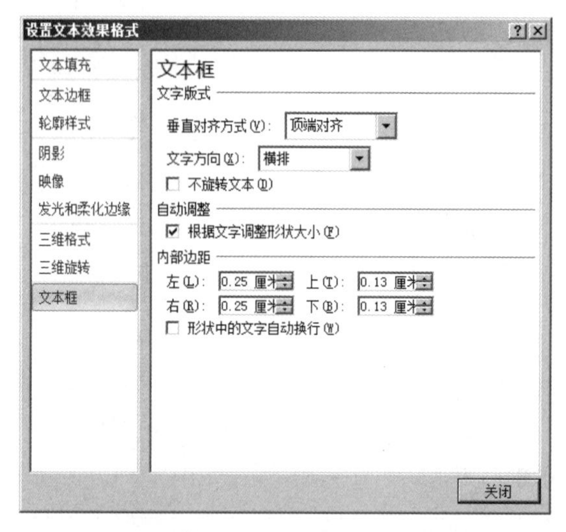

图 1.86 “设置文本效果格式”对话框

图 1.87 绘制自选图形

操作技巧 1.5 为文档添加水印效果，具体操作扫描二维码查看。

操作技巧 1.6 将普通图片转换为 SmartArt，具体操作扫描二维码查看。

操作技巧 1.5

操作技巧 1.6

1.7 表格与图表

表格是一种简明、扼要的表达方式，它能够清晰地显示和管理文字与数据，如课程表、职工工资表等。Word 2010 提供了强大的表格功能，可以排出各种复杂格式的表格。表格由行与列构成，行与列交叉产生的方框称为单元格。可以在单元格中输入文档或插入图片。

1. 创建表格

在“插入”功能区中创建表格。

首先将插入点置于文档中要插入表格的位置，单击“插入”功能区中的“表格”按钮，在出现的网格中按住鼠标左键，沿网格向右拖曳鼠标指针可定义表格的列数，沿网格向下拖曳鼠标指针可定义表格的行数。松开鼠标指针后，会在文档的当前插入点位置处插入一个用户所选定行数与列数的表格。

插入表格后，只要将光标定位在表格里，文档窗口功能区右侧会自动弹出表格工具（设计+布局）。在表格的设计功能专区里分为表格样式选项分组、表格样式分组、绘图边框分组，可对插入的表格进行进一步的修饰和编辑。在绘图边框分组右下角单击下拉箭头，弹出“边框和底纹”对话框，如图 1.88 所示。

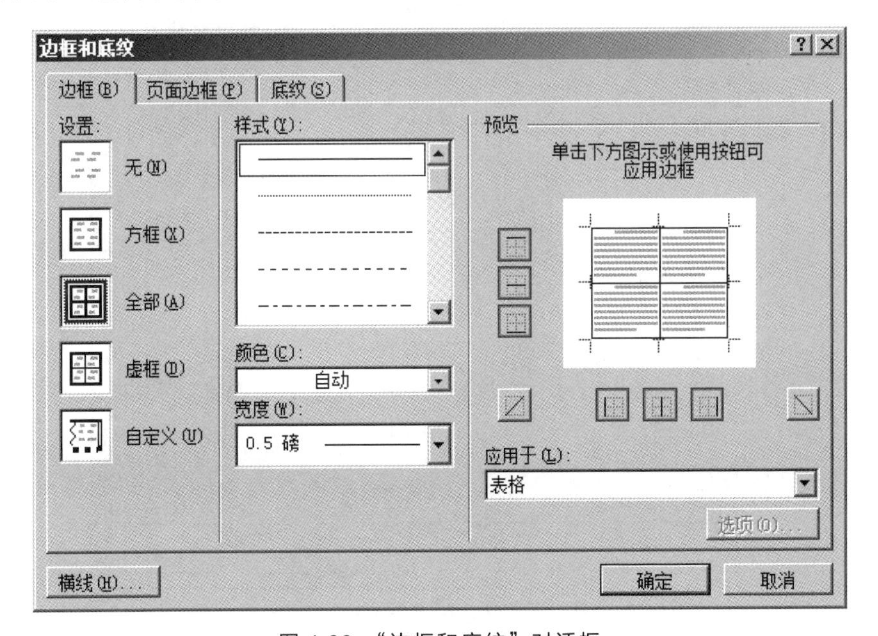

图 1.88 “边框和底纹”对话框

在设计功能专区，还可以使用鼠标任意绘制表格，尤其是方便绘制斜线。单击设计专区中的“绘制表格”按钮使其呈现按下状态。将鼠标指针移到文档页面上，这时鼠标指针变成铅笔笔形。按住鼠标左键，利用笔形指针，可任意绘制横线、竖线或斜线组成的不规则表格。要删除某条表格线，可单击“表格和边框”工具栏中的“擦除”按钮，此时鼠标指针将变成橡皮指针形状。拖动鼠标指针经过要删除的线，即可将其删除。

2. 编辑表格

如果想在表格中输入文本，首先要将插入点放在要输入文本的单元格中，然后输入文本。当输入的文本到达单元格的右边线时会自动换行，并且会加大行高以容纳更多的内容。在输入过程中如果按了回车键，则可在单元格中开始新的一段。

编辑表格中的文本，就像在普通文档中插入、删除、移动或复制文本一样，都是利用“编辑”菜单中的“剪切”“复制”命令将选择的单元格、行或列的内容存放在剪贴板中，然后利用“粘贴”命令将剪贴板中的内容粘贴到指定单元格中。

3. 表格调整

在创建表格之后，还可以用各种方式来修改表格，在表格的布局功能专区里可以设置表格的属性、对表格的选择、插入删除单元格、拆分合并单元格、调整单元格的大小、设置行高和列宽及文字在单元格中的位置和方向等。对表格的调整还可通过“表格属性”对话框进行设置，如图 1.89 所示。

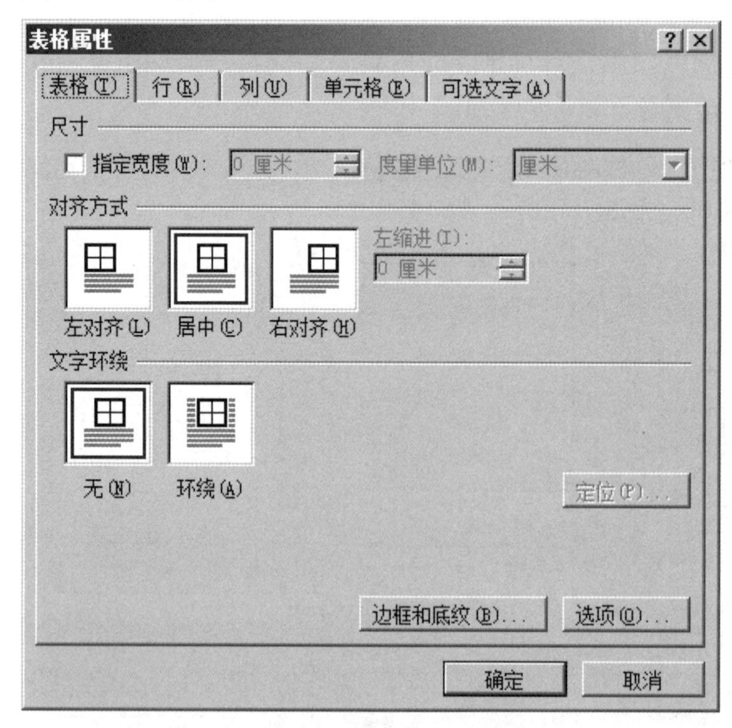

图 1.89 “表格属性”对话框

4. 表格的计算与排序

Word 2010 中的表格还可以实现对单元格中的内容按笔画、拼音或数字顺序进行排序，并且可以对表格中内容进行加、减、乘、除、求平均值、求最大值和求最小值等运算。但同 Excel 相比，Word 在此方面并不占优势。

（1）表格的计算

Word 2010 提供了简单的表格计算功能，即利用公式来计算表格单元格中的数值。表格中的每个单元格都对应着一个唯一的引用编号。编号的方法是以 1，2，3…代表单元格所在的行，以字母 A，B，C，D…代表单元格所在列。

（2）表格的排序

鼠标选中需要排序的一列，单击布局功能专区中的“排序”按钮即可打开“排序”对话框来进行排序，如图 1.90 所示。排序可以按照有无标题行进行排列，有标题行，则按照标题行的名称进行升序或降序排列；如果无标题行，则按照列的编号进行排序。排序可以选择拼音、笔画、日期、数字等方式。

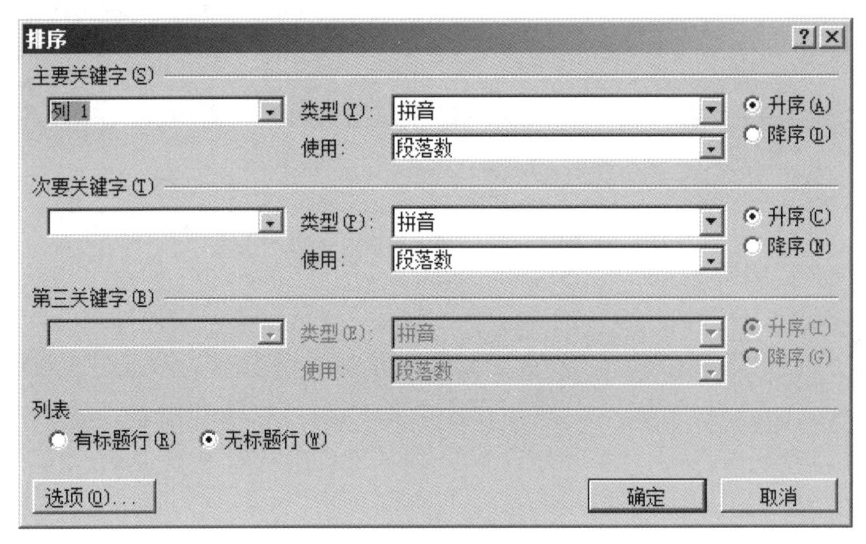

图 1.90 “排序”对话框

操作技巧 1.7 在 Word 表格中进行简单计算，具体操作扫描二维码查看。

操作技巧 1.8 轻松将文档中的表格转换为图表，具体操作扫描二维码查看。

操作技巧 1.7

操作技巧 1.8

1.8 其他功能

1. 数学公式排版

（1）公式编辑器

“公式编辑器”是建立复杂公式的最有效的方法。它可以帮助用户通过使用数学符号的工具板和模板，完成公式输入。单击插入功能区中的“公式”按钮，然后从“公式工具”设计栏上选择符号以及键入变量和数字的方式就可以构造公式。公式设计栏如图 1.91 所示。Word 2010 提供了常用的数学公式，如二次公式、二项式定理、傅里叶级数公式等。用户建立复杂的公式只需选择相应的模板并在模板中键入相应的数字或变量即可，同时模板还可以嵌套使用。“公式编辑器”能够根据数学公式约定，自动调整公式中各元素的大小、间距和格式编排。用户编排公式时可以不必关心公式的编排细节。如果对系统默认的公式格式和样式不满意，“公式编辑器”允许用户根据自己需要细致地调整细节或者重新定义有关公式的样式。

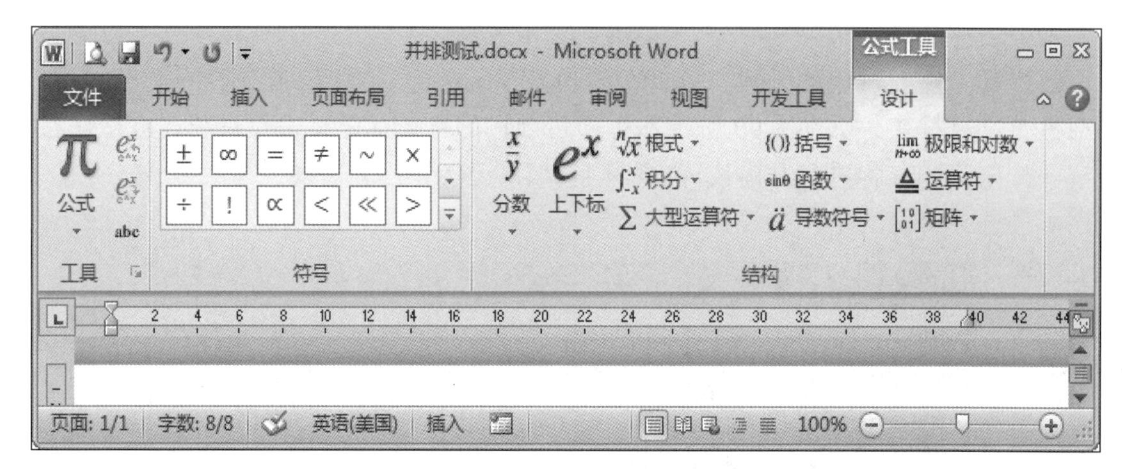

图 1.91　公式编辑器对话框

（2）编辑修改公式

单击某个编辑好的公式，“公式工具”功能区就会打开，以便进行修改、添加、删除公式中的元素，也可以给公式应用不同的样式、尺寸和格式，或者调整元素的间距和位置。完成编辑后，单击公式编辑器对象以外的任何位置，公式会在文档中更新。

一般情况下，用户无须亲自调整公式的格式编排，但如果想要编排得更好，也可以亲自调整公式的格式编排。公式编辑器中提供了数字、文字、变量、函数、希腊字母、矩阵向量等几种样式。

Word 2010 中插入公式后，该公式往往显示不全，原因是该公式插入位置的行间距没有进行调整。将光标定位在公式所在的行，然后选择“开始”功能区的行距，设置后即可看到全部公式。

2. 在 Word 2010 文档中快速制作书法字帖

在 Word 2003 中制作书法字帖的方法比较复杂，需要涉及表格制作等方面的技术。而在 Word 2010 中配合自带的繁体字或用户安装的第三方字体，可以非常方便地制作出田字格、田回格、九宫格、米字格等格式的书法字帖。使用 Word 2010 制作书法字帖的步骤如下。

（1）打开 Word 2010 窗口，依次单击“文件→新建”按钮。在“可用模板”区域选中“书法字帖”选项，并单击“创建”按钮，如图 1.92 所示。

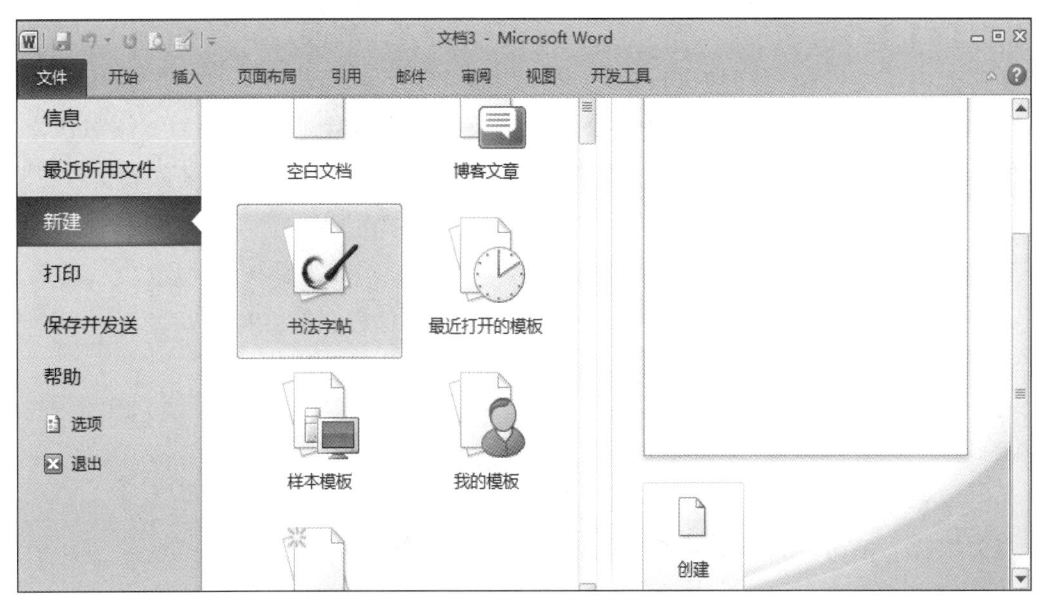

图 1.92　选中“书法字帖”选项

（2）打开“增减字符”对话框，在“字符”区域的“可用字符”列表中拖动鼠标指针选中需要作为字帖的汉字。然后在“字体”区域的“书法字体”列表中选中需要的字体（如“汉仪赵楷繁”）。单击“添加”按钮将选中的汉字添加到“已用字符”区域，并单击“关闭”按钮即可。在 Word 2010 中制作完成的书法字帖如图 1.93 所示。

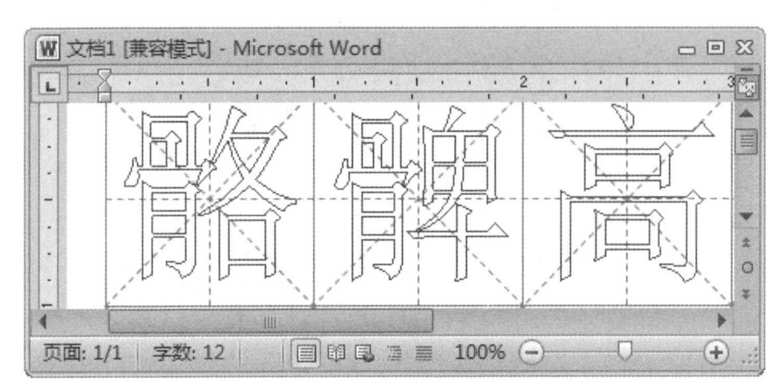

图 1.93　制作完成的书法字帖

操作技巧 1.9　快速插入专业数学公式，具体操作扫描二维码查看。

操作技巧 1.10　为文档插入目录，具体操作扫描二维码查看。

操作技巧 1.11　批量制作客户邀请函，具体操作扫描二维码查看。

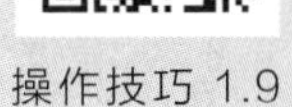

操作技巧 1.9　操作技巧 1.10　操作技巧 1.11

1.9 Word 2010 案例

【案例 1】制作海报

某高校为了使学生更好地进行职场定位和职业准备，提高就业能力，该校学工处于2013 年 4 月 29 日（星期五）19:30～21:30 在校国际会议中心举办题为“领慧讲堂——大学生人生规划”就业讲座，特别邀请资深媒体人、著名艺术评论家赵蕈先生担任演讲嘉宾。请根据上述活动的描述，利用 Microsoft Word 制作一份宣传海报（宣传海报的参考样式请参考“Word-海报参考样式.docx”文件），要求如下。

（1）在文件夹下，将“Word 素材.docx”文件另存为“Word.docx”（“.docx”为扩展名），后续操作均基于此文件。

（2）调整文档版面，要求页面高度 35 厘米，页面宽度 27 厘米，页边距（上、下）为 5 厘米，页边距（左、右）为 3 厘米，并将文件夹下的图片“Word-海报背景图片.jpg”设置为海报背景。

（3）根据“Word-海报参考样式.docx”文件，调整海报内容文字的字号、字体和颜色。

（4）根据页面布局需要，调整海报内容中“报告题目”“报告人”“报告日期”“报告时间”“报告地点”信息的段落间距。

（5）在“报告人：”位置后面输入报告人姓名（赵蕈）。

（6）在“主办：校学工处”位置后另起一页，并设置第 2 页的页面纸张大小为 A4 篇幅，纸张方向设置为“横向”，页边距为“普通”页边距。

（7）在新页面的“日程安排”段落下面，复制本次活动的日程安排表（请参考“Word-活动日程安排.xlsx”文件），要求表格内容引用 Excel 文件中的内容，如若 Excel 文件中的内容发生变化，Word 文档中的日程安排信息随之发生变化。

（8）在新页面的“报名流程”段落下面，利用 SmartArt 制作本次活动的报名流程（学工处报名、确认座席、领取资料、领取门票）。

（9）设置“报告人介绍”段落下面的文字排版布局为参考示例文件中所示的样式。

（10）插入考生文件夹下的“Pic 2.jpg”照片，调整图片在文档中的大小，并放于适当位置，不要遮挡文档中的文字内容。

（11）调整所插入图片的颜色和图片样式，与“Word-海报参考样式.docx”文件中的示例一致。

具体操作请参照二维码视频讲解。

【案例 2】制作请柬

书娟是海明公司的前台文秘，她的主要工作是管理各种档案，为总经理起草各种文件。新年将至，公司定于 2013 年 2 月 5 日下午 2:00，在中关村海龙大厦办公大楼五层多功能厅举办一个联谊会，重要客人名录保存在名为“重要客户名录.docx”的 Word

文档中，公司联系电话为010-66668888。根据上述内容制作请柬，具体要求如下。

（1）制作一份请柬，以“董事长王海龙”的名义发出邀请，请柬中需要包含标题、收件人名称、联谊会时间、联谊会地点和邀请人。

（2）对请柬进行适当的排版，具体要求：改变字体、加大字号，且标题部分（“请柬”）与正文部分（以“尊敬的×××”开头）采用不相同的字体和字号；加大行间距和段间距；对必要的段落改变对齐方式，适当设置左右及首行缩进，以美观且符合阅读习惯为准。

（3）在请柬的左下角位置插入一幅图片（图片自选），调整其大小及位置，不影响文字排列、不遮挡文字内容。

（4）进行页面设置，加大文档的上边距；为文档添加页眉，要求页眉内容包含本公司的联系电话。

（5）运用邮件合并功能制作内容相同、收件人不同（收件人为“重要客人名录.docx”中的每个人，采用导入方式）的多份请柬，要求先将合并主文档以“Word.docx”为文件名保存在考生文件夹下，进行效果预览后再生成可以单独编辑的单个文档“请柬.docx”（“.docx”为扩展名）。

具体操作请参照二维码视频讲解。

【案例3】制作邀请函

某高校学生会计划举办一场“大学生网络创业交流会”的活动，拟邀请部分专家和老师给在校学生进行演讲。因此，校学生会外联部需制作一批邀请函，并分别递送给相关的专家和老师。按如下要求完成邀请函的制作。

（1）在文件夹下，将“Word素材.docx”文件另存为“Word.docx”（“.docx”为扩展名），后续操作均基于此文件。

（2）调整文档版面，要求页面高度18厘米、宽度30厘米，页边距（上、下）为2厘米，页边距（左、右）为3厘米。

（3）将考生文件夹下的图片“背景图片.jpg”设置为邀请函背景。

（4）根据“Word-邀请函参考样式.docx”文件，调整邀请函中内容文字的字体、字号和颜色。

（5）调整邀请函中内容文字段落对齐方式。

（6）根据页面布局需要，调整邀请函中“大学生网络创业交流会”和“邀请函”两个段落的间距。

（7）在“尊敬的”和“老师”文字之间，插入拟邀请的专家和老师姓名，拟邀请的专家和老师姓名在考生文件夹下的“通讯录.xlsx”文件中。每页邀请函中只能包含1位专家或老师的姓名，所有的邀请函页面另外保存在一个名为“Word-邀请函.docx”的文件中。

具体操作请参照二维码视频讲解。

【案例 4】文档编辑及排版

按照要求完成下列操作并以文件名（word.docx）保存文件。

（1）设置页边距为上下左右各 2.7 厘米，装订线在左侧；设置文字水印页面背景，文字为“中国互联网信息中心”，水印版式为斜式。

（2）设置第一段落文字“中国网民规模达 5.64 亿”为标题；设置第二段落文字“互联网普及率为 42.1%”为副标题；改变段间距和行间距（间距单位为行），使用“独特”样式修饰页面；在页面顶端插入“边线型提要栏”文本框，将第三段文字“中国经济网北京 1 月 15 日讯 中国互联网信息中心今日发布《第 31 次中国互联网络发展状况统计报告》。”移入文本框内，设置字体、字号、颜色等；在该文本的最前面插入类别为“文档信息”、名称为“新闻提要”域。

（3）设置第 4～6 段文字，要求首行缩进 2 个字符。将第 4～6 段的段首“《报告》显示”和“《报告》表示”设置为斜体、加粗、红色、双下划线。

（4）将文档“附：统计数据”后面的内容转换成 2 列 9 行的表格，为表格设置样式；将表格的数据转换成簇状柱形图，插入文档“附：统计数据”的前面，保存文档。

具体操作请参照二维码视频讲解。

【案例 5】文档编辑及排版

文档“Word 素材.docx”是一篇从互联网上获取的文字资料，打开该文档并按下列要求排版及保存。

（1）将“Word 素材.docx”文件另存为“Word.docx”（“.docx”为扩展名），后续操作均基于此文件。

（2）将文档中的西文空格全部删除。

（3）将纸张大小设为 16 开，页面上边距设为 3.2cm、下边距设为 3cm，左右页边距均设为 2.5cm。

（4）利用文档的前 3 行文字内容制作一个封面，将其放置在文档的最前端，并独占一页（封面样式可参考“封面样例.png”文件）。

（5）将文档中以“一、”“二、”……开头的段落设为“标题 1”样式；以“（一）”“（二）”……开头的段落设为“标题 2”样式；以“1.”“2.”……开头的段落设为“标题 3”样式。

（6）将标题“（三）咨询情况”下用蓝色标出的段落部分转换为表格，为表格套用一种表格样式使其更加美观。基于该表格数据，在表格下方插入一个饼图，用于反映各种咨询形式所占比例，要求在饼图中仅显示百分比。

（7）为正文第 2 段中用红色标出的文字“统计局队政府网站”添加超链接，链接地址为“http://www.bjstats.gov.cn/”。同时在“统计局队政府网站”后添加脚注，内容为“http://www.bjstats.gov.cn”。

（8）将除封面页外的所有内容分为两栏布局显示，但是前述表格及相关图表仍需跨栏居中显示，无须分栏。

具体操作请参照二维码视频讲解。

【案例6】文档编辑及排版

为了更好地介绍公司的服务与市场战略，市场部助理小王需要协助制作完成公司战略规划文档，并调整文档的外观与格式。现在，按照如下需求完成制作工作。

（1）在考生文件夹下，将“Word素材.docx”文件另存为“Word.docx”（“.docx”为扩展名），后续操作均基于此文件。

（2）调整文档纸张大小为A4幅面，纸张方向为纵向；并调整上、下页边距为2.5厘米，左、右页边距为3.2厘米。

（3）打开文件夹下的“Word_样式标准.docx”文件，将其文档样式库中的“标题1，标题样式一”和“标题2，标题样式二”复制到Word.docx文档样式库中。

（4）将文档中的所有红颜色文字段落应用为“标题1，标题样式一”段落样式。

（5）将文档中的所有绿颜色文字段落应用为“标题2，标题样式二”段落样式。

（6）将文档中出现的全部“软回车”符号（手动换行符）更改为“硬回车”符号（段落标记）。

（7）修改文档样式库中的“正文”样式，使得文档中所有正文段落首行缩进2个字符。

（8）为文档添加页眉，并将当前页中样式为“标题1，标题样式一”的文字自动显示在页眉区域中。

（9）在文档的第4个段落后（标题为“目标”的段落之前）插入一个空段落，并按照表1.1所示的数据方式在此空段落中插入一个折线图图表，将图表的标题命名为“公司业务指标”。

表1.1　　数据表

时间	销售额/万元	成本/万元	利润/万元
2010年	4.3	2.4	1.9
2011年	6.3	5.1	1.2
2012年	5.9	3.6	2.3
2013年	7.8	3.2	4.6

具体操作请参照二维码视频讲解。

【案例7】文档编辑及排版

小李准备在校园科技周向同学讲解与黑客技术相关的知识，请根据文件夹下“Word素材.docx”中的内容，帮助小李完成此项工作。具体要求如下。

（1）在考生文件夹下，将“Word 素材.docx”文件另存为“Word.docx”（“.docx”为扩展名），后续操作均基于此文件。

（2）调整纸张大小为 B5 幅面，页面左边距为 2cm，右边距为 2cm，装订线距页边距 1cm，并设置对称页边距。

（3）将文档中第一行“黑客技术”设置为 1 级标题，文档中所有“黑体”字体的段落设为 2 级标题，所有“斜体”字形的段落设为 3 级标题。

（4）将正文部分内容字号设为四号，每个段落设为 1.2 倍行距，且段落首行缩进 2 字符。

（5）将正文第一段落的首字“很”下沉 2 行。

（6）在文档第一页开始位置插入只显示 2 级和 3 级标题的目录，并用分节方式令其独占一页。

（7）文档除目录页外均显示页码，正文开始为第 1 页，奇数页码显示在文档的底部右侧，偶数页码显示在文档的底部左侧。文档偶数页加入页眉，页眉中显示文档标题“黑客技术”，奇数页页眉没有内容。

（8）将文档最后 5 行转换为 2 列 5 行的表格，倒数第 6 行的文字“中英文对照”作为该表格的标题，将表格及标题居中。

（9）为文档应用一种合适的主题。

具体操作请参照二维码视频讲解。

【案例 8】制作秩序手册

北京计算机大学组织专家对“学生成绩管理系统”的需求方案进行评审，为使参会人员对会议流程和内容有一个清晰的了解，需要会议会务组提前制作一份有关评审会的秩序手册。请根据文件夹下的文档“Word 素材.docx”和相关素材完成编排任务，具体要求如下。

（1）将素材文件“Word 素材.docx”另存为“Word.docx”（“.docx”为扩展名），后续操作均基于此文件。

（2）设置页面的纸张大小为 16 开，页边距上下为 2.8 厘米、左右为 3 厘米，并指定文档每页为 36 行。

（3）会议秩序册由封面、目录、正文三大块内容组成。其中，正文又分为 4 个部分，每部分的标题均已经以中文大写数字一、二、三、四进行编排。要求将封面、目录及正文中包含的 4 个部分分别独立设置为 Word 文档的一节。页码编排要求为：封面无页码；目录采用罗马数字编排；正文从第一部分内容开始连续编码，起始页码为 1（如采用格式- 1 -），页码设置在页脚右侧位置。

（4）按照素材中“封面.jpg”所示的样例，将封面上的文字“北京计算机大学《学生成绩管理系统》需求评审会”设置为二号、华文中宋；将文字“会议秩序册”放置在一个文本框中，设置为竖排文字、华文中宋、小一；将其余文字设置为四号、仿宋，并调整到页面合适的位置。

（5）将正文中的标题“一、报到、会务组”设置为一级标题，单倍行距、悬挂缩进 2 字符、段前段后为自动，并以自动编号格式“一、二、……”替代原来的手动编号。其他 3 个标题“二、会议须知”“三、会议安排”“四、专家及会议代表名单”格式，均参照第一个标题设置。

（6）将第 1 部分（“一、报到、会务组”）和第 2 部分（“二、会议须知”）中的正文内容设置为宋体五号字，行距为固定值：16 磅，左、右各缩进 2 字符，首行缩进 2 字符，对齐方式设置为左对齐。

（7）参照素材图片中的样例完成会议安排表的制作，并插入到第 3 部分相应位置中，格式要求：合并单元格、序号自动排序并居中、表格标题行采用黑体。表格中的内容可从素材文档“秩序册文本素材.docx”中获取。

（8）参照素材图片中的样例完成专家及会议代表名单的制作，并插入到第 4 部分相应位置中。格式要求：合并单元格、序号自动排序并居中、适当调整行高（其中样例中彩色填充的行要求大于 1 厘米）、为单元格填充颜色、所有列内容水平居中、表格标题行采用黑体。表格中的内容可从素材文档“秩序册文本素材.docx”中获取。

（9）根据素材中的要求自动生成文档的目录，插入到目录页中的相应位置，并将目录内容设置为四号字。

具体操作请参照二维码视频讲解。

【案例 9】制作会议邀请函

公司将举办“创新产品展示说明会”，市场部助理小王需要将会议邀请函制作完成，并寄送给相关的客户。按照如下要求完成以下工作。

（1）在文件夹下，将“Word 素材.docx”文件另存为“Word.docx”（“.docx”为扩展名），后续操作均基于此文件。

（2）将文档中“会议议程:”段落后的 7 行文字转换为 3 列、7 行的表格，并根据窗口大小自动调整表格列宽。为制作完成的表格套用一种表格样式，使表格更加美观。

（3）为了可以在以后的邀请函制作中再利用会议议程内容，将文档中的表格内容保存至“表格”部件库，并将其命名为“会议议程”。

（4）将文档末尾处的日期调整为可以根据邀请函生成日期而自动更新的格式，日期格式显示为“2019 年 1 月 1 日”。

（5）在“尊敬的”文字后面，插入拟邀请的客户姓名和称谓。拟邀请的客户姓名在考生文件夹下的“通讯录.xlsx”文件中，客户称谓则根据客户性别自动显示为“先生”或“女士”，例如“范俊弟（先生）”“黄雅玲（女士）”。

（6）每个客户的邀请函占 1 页内容，且每页邀请函中只能包含 1 位客户姓名，所有的邀请函页面另外保存在一个名为“Word-邀请函.docx”的文件中。如果需要，删除

“Word-邀请函.docx”文件中的空白页面。

（7）本次会议邀请的客户均来自台资企业，因此，将“Word-邀请函.docx”中的所有文字内容设置为繁体中文格式，以便于客户阅读。

（8）文档制作完成后，分别保存为“Word.docx”文件和“Word-邀请函.docx”文件。

具体操作请参照二维码视频讲解。

【案例 10】文档编辑及排版

某出版社的编辑小刘手中有一篇有关财务软件应用的书稿“Word 素材.docx”，请按下列要求完成书稿编排工作。

（1）在文件夹下，将“Word 素材.docx”文件另存为“Word.docx”（“.docx”为扩展名），后续操作均基于此文件。

（2）按下列要求进行页面设置：纸张大小 16 开，对称页边距，上边距 2.5 厘米、下边距 2 厘米，内侧边距 2.5 厘米、外侧边距 2 厘米，装订线 1 厘米，页脚距边界 1.0 厘米。

（3）书稿中包含 3 个级别的标题，分别用“(一级标题)”“(二级标题)”“(三级标题)”字样标出。按表 1.2 所示的要求对书稿应用样式、多级列表，并对样式格式进行相应修改。

表 1.2　　样式要求

内容	样式	格式	多级列表
所有用“(一级标题)”标识的段落	标题 1	小二号字、黑体、不加粗，段前 1.5 行、段后 1 行，行距最小值 12 磅，居中	第 1 章、第 2 章、…、第 n 章
所有用“(二级标题)”标识的段落	标题 2	小三号字、黑体、不加粗、段前 1 行、段后 0.5 行，行距最小值 12 磅	1-1、1-2、2-1、2-2、…、n-1、n-2
所有用“(三级标题)”标识的段落	标题 3	小四号字、宋体、加粗，段前 12 膀、段后 6 磅，行距最小值 12 磅	1-1-1、1-1-2、…、n-1-1、n-1-2，且与二级标题缩进位置相同
除上述 3 个级别标题外的所有正文（不含图表及题注）	正文	首行缩进 2 字符、1.25 倍行距、段后 6 磅、两端对齐	—

（4）样式应用结束后，将书稿中各级标题文字后面括号中的提示文字及括号“(一级标题)”“(一级标题)”“(三级标题)”全部删除。

（5）书稿中有若干表格及图片，分别在表格上方和图片下方的说明文字左侧添加形如“表 1-1”“表 2-1”“图 1-1”“图 2-1”的题注，其中连字符“-”前面的数字代表章号、“-”后面的数字代表图表的序号，各章节图和表分别连续编号。添加完毕，将样式“题注”的格式修改为仿宋、小五号字、居中。

（6）在书稿中用红色标出的文字的适当位置，为前 2 个表格和前 3 个图片设置自动引用其题注号。为第 2 张表格“表 1-2 好朋友财务软件版本及功能简表”套用一个合适的表格样式、保证表格第 1 行在跨页时能够自动重复，且表格上方的题注与表格总在一页上。

（7）在书稿的最前面插入目录，要求包含标题第 1～3 级及对应页号。目录、书稿的每一章均为独立的一节，每一节的页码均以奇数页为起始页码。

（8）目录与书稿的页码分别独立编排，目录页码使用大写罗马数字（Ⅰ、Ⅱ、Ⅲ…），书稿页码使用阿拉伯数字（1、2、3…）且各章节间连续编码。除目录首页和每章首页不显示页码外，其余页面要求奇数页页码显示在页脚右侧，偶数页页码显示在页脚左侧。

（9）将考生文件夹下的图片“Tulips.jpg”设置为本文稿的水印，水印处于书稿页面的中间位置、图片增加“冲蚀”效果。

具体操作请参照二维码视频讲解。

【案例 11】制作个人简历

张静是一名大学本科三年级学生，经多方面了解分析，她希望在下个暑期去一家公司实习。为获得难得的实习机会，她打算利用 Word 精心制作一份简洁而醒目的个人简历，要求如下。

（1）调整文档版面，要求纸张大小为 A4，页边距（上、下）为 2.5 厘米，页边距（左、右）为 3.2 厘米。

（2）根据页面布局需要，在适当的位置插入标准色为橙色与白色的两个矩形，其中橙色矩形占满 A4 幅面，文字环绕方式设为“浮于文字上方”，作为简历的背景。

（3）插入标准色为橙色的圆角矩形，并添加文字“实习经验”，插入 1 个短划线的虚线圆角矩形框。

（4）插入文本框和文字，并调整文字的字体、字号、位置和颜色。其中“张静”应为标准色橙色的艺术字，“寻求能够……”文本效果应为跟随路径的“上弯弧”。

（5）根据页面布局需要，插入文件夹下图片“1.png”，依据样例进行裁剪和调整，并删除图片的剪裁区域；然后根据需要插入图片 2.jpg、3.jpg、4.jpg，并调整图片位置。

（6）在适当的位置使用形状中的标准色橙色箭头（提示：其中横向箭头使用线条类型箭头），插入“SmartArt”图形，并进行适当编辑。

（7）在“促销活动分析”等 4 处使用项目符号“对勾”，在“曾任班长”等 4 处插入符号“五角星”、颜色为标准色红色。调整各部分的位置、大小、形状和颜色，以展现统一、良好的视觉效果。

具体操作请参照二维码视频讲解。

【案例 12】学术论文排版

张老师撰写了一篇学术论文，拟投稿于大学学报，发表之前需要根据学报要求完成论文样式排版。具体要求如下。

（1）在文件夹下，将“Word 素材.docx”另存为“Word.docx”（“.docx”为扩展名），

后续操作均基于此文件。

（2）设置论文页面为 A4 幅面，页面上、下边距分别为 3.5 厘米和 2.2 厘米，左、右边距为 2.5 厘米。论文页面只指定行网格（每页 42 行），页脚距边界 1.4 厘米，在页脚居中位置设置论文页码。该论文最终排版不超过 5 页。

（3）将论文中不同颜色的文字设置为标题格式，要求如下表。设置完成后，需将最后一页的“参考文献”段落设置为无多级编号。

（4）设置论文正文前的段落和文字格式。将作者姓名后面的数字和作者单位前面的数字（含中文、英文两部分）设置为正确的格式。

（5）设置论文正文部分的页面布局为对称 2 栏，并设置正文段落（不含图、表、独立成行的公式）字号为五号，中文字体为宋体，西文字体为 Times New Roman，段落首行缩进 2 字符，行距为单倍行距，如表 1.3 所示。

表 1.3　　样式要求

文字颜色	样式	字号	字体颜色	字体	对齐方式	段落行距	段落间距	大纲级别	多级项目编号格式
红色文字	标题 1	三号	黑色	黑体	居中			1 级	
黄色文字	标题 2	四号			左对齐	最小值 30 磅		2 级	1、2、3…
蓝色文字	标题 3	五号			左对齐	最小值 18 磅	段前 3 磅 段后 3 磅	3 级	2.1、2.2、…、3.1、3.2…

（6）设置正文中的“表 1”“表 2”与对应表格标题的交叉引用关系（注意：“表 1”“表 2”的“表”字与数字之间没有空格），并设置表注字号为小五号，中文字体为黑体，西文字体为 Times New Roman，段落居中。

（7）设置正文部分中的图注字号为小五号，中文字体为宋体，西文字体为 Times New Roman，段落居中。

（8）设置参考文献列表文字字号为小五号，中文字体为宋体，西文字体为 Times New Roman；并为其设置项目编号，编号格式为“[序号]”。

具体操作请参照二维码视频讲解。

【案例 13】制作本财年的年度报告

财务部助理小王需要协助公司管理层制作本财年的年度报告，按照如下需求完成制作工作。

（1）在文件夹下，将“Word 素材.docx”文件另存为“Word.docx”（“.docx”为扩展名），后续操作均基于此文件。

（2）查看文档中含有绿色标记的标题，例如“致我们的股东”“财务概要”等，将其段落格式赋予到本文档样式库中的“样式 1”。

（3）修改“样式 1”样式，设置其字体为黑色、黑体，并为该样式添加 0.5 磅的黑色、单线条下划线边框，该下划线边框应用于“样式 1”所匹配的段落，将“样式 1”

重新命名为“报告标题 1”。

（4）将文档中所有含有绿色标记的标题文字段落应用“报告标题 1”样式。

（5）在文档的第 1 页与第 2 页之间，插入新的空白页，并将文档目录插入到该页中。文档目录要求包含页码，并仅包含“报告标题 1”样式所示的标题文字。将自动生成的目录标题“目录”段落应用“目录标题”样式。

（6）因为财务数据信息较多，因此设置文档第 5 页“现金流量表”段落区域内的表格标题可以自动出现在表格所在页面的表头位置。

（7）在“产品销售一览表”段落区域的表格下方，以嵌入型的环绕方式插入一个产品销售分析图，图表样式请参考“分析图样例.jpg”文件所示，并将图表调整到与文档页面宽度相匹配。

（8）修改文档页眉，要求文档第 1 页不包含页眉，文档目录页不包含页码，从文档第 3 页开始在页眉的左侧区域包含页码，在页眉的右侧区域自动填写该页中“报告标题 1”样式所示的标题文字。

（9）为文档添加水印，水印文字为“机密”，并设置为斜式版式。

（10）根据文档内容的变化，更新文档目录的内容与页码。

具体操作请参照二维码视频讲解。

【案例 14】文档编辑及排版

某单位的办公室秘书小马接到领导的指示，要求其提供一份最新的中国互联网络发展状况统计情况。小马从网上下载了一份未经整理的原稿，按下列要求帮助他对该文档排版操作。

（1）在文件夹下，将“Word 素材.docx”文件另存为“Word.docx”（“.docx”为扩展名），后续操作均基于此文件。

（2）按下列要求进行页面设置：纸张大小 A4，对称页边距，上、下边距各 2.5 厘米，内侧边距 2.5 厘米、外侧边距 2 厘米，装订线 1 厘米，页眉、页脚均距边界 1.1 厘米。

（3）文稿中包含 3 个级别的标题，其文字分别用不同的颜色显示。按表 1.4 的要求对书稿应用样式，并对样式格式进行修改。

表 1.4　　**样式要求**

文字颜色	样式	格式
红色（章标题）	标题 1	小二号字、华文中宋、不加粗，标准深蓝色，段前 1.5 行、段后 1 行。行距最小值 12 磅，居中，与下段同页
蓝色（用一、二、三、……标示的段落）	标题 2	小三号字、华文中宋、不加粗，标准深蓝色，段前 1 行、段后 0.5 行，行距最小值 12 磅
绿色（用（一）、（二）、（三）、……标示的段落）	标题 3	小四号字、宋体、加粗，标准深蓝色，段前 12 磅、段后 6 磅，行距最小值 12 磅
除上述 3 个级别标题外的所有正文（不含表格、图表及题注）	正文	仿宋体，首行缩进 2 字符、1.25 倍行距、段后 6 磅、两端对齐

（4）为书稿中用黄色底纹标出的文字“手机上网比例首超传统 PC”添加脚注，脚注位于页面底部，编号格式为①、②…，内容为“网民最近半年使用过台式机或笔记本电脑，或同时使用台式机和笔记本电脑的统称为传统 PC 用户”。

（5）将文件夹下的图片 pic1.png 插入到书稿中用浅绿色底纹标出的文字“调查总体细分图示”上方的空行中，在说明文字“调查总体细分图示”左侧添加格式如“图 1”“图 2”的题注，添加完毕，将样式“题注”的格式修改为楷体、小五号字、居中。在图片上方用浅绿色底纹标出的文字的适当位置引用该题注。

（6）根据原稿第二章中的表 1 内容生成一张图表，插入到表格后的空行中，并居中显示。要求图表的标题、纵坐标轴和折线图的格式和位置与示例图相同。

（7）为文档设计封面，并对前言进行适当的排版。封面和前言必须位于同一节中，且无页眉页脚和页码。封面上的图片可取自文件下的文件 Logo.jpg，并应进行适当的剪裁。

（8）在前言内容和报告摘要之间插入自动目录，要求包含标题第 1～3 级及对应页码，目录的页眉页脚按下列格式设计：页脚居中显示大写罗马数字 Ⅰ、Ⅱ格式的页码，起始页码为 1，且自奇数页码开始；页眉居中插入文档标题属性信息。

（9）自报告摘要开始为正文。为正文设计下述格式的页码：自奇数页码开始，起始页码为 1，页码格式为阿拉伯数字 1、2、3…。偶数页页眉内容依次显示：页码、一个全角空格、文档属性中的作者信息，居左显示。奇数页页眉内容依次显示：章标题、一个全角空格、页码，居右显示，并在页眉内容下添加横线。

（10）将文稿中所有的西文空格删除，然后对目录进行更新。

具体操作请参照二维码视频讲解。

【案例 15】制作“经费联审结算单”

某单位财务处请小张设计“经费联审结算单”模板，以提高日常报账和结算单审核效率。请根据文件夹下“Word 素材 1.docx”和“Word 素材 2.xlsx”文件完成制作任务，具体要求如下。

（1）在文件夹下，将素材文件“Word 素材 1.docx”另存为“Word.docx”（“.docx”为扩展名），后续操作均基于此文件。

（2）将页面设置为 A4 幅面、横向，页边距均为 1 厘米。设置页面为两栏，栏间距为 2 字符，其中左栏内容为“经费联审结算单”表格，右栏内容为《××研究所科研经费报账须知》 文字，要求左右两栏内容不跨栏、不跨页。

（3）设置“经费联审结算单”表格整体居中，所有单元格内容垂直居中对齐。参考文件夹下“结算单样例.jpg”所示，适当调整表格行高和列宽，其中两个“意见”的行高不低于 2.5 厘米，其余各行行高不低于 0.9 厘米。设置单元格的边框，细线宽度为 0.5 磅，粗线宽度为 1.5 磅。

（4）设置“经费联审结算单”标题（表格第一行）水平居中，字体为小二、华文中宋，其他单元格中已有文字字体均为小四、仿宋、加粗；除“单位：”为左对齐外，其余含有文字的单元格均为居中对齐。表格第 2 行的最后一个空白单元格将填写填报日期，字体为四号、楷体，并右对齐；其他空白单元格格式均为四号、楷体、左对齐。

（5）《××研究所科研经费报账须知》以文本框形式实现，其文字的显示方向与“经费联审结算单”相比，逆时针旋转 90°。

（6）设置《××研究所科研经费报账须知》的第 1 行格式为小三、黑体、加粗，居中；第 2 行格式为小四、黑体，居中；其余内容为小四、仿宋，两端对齐、首行缩进 2 字符。

（7）将“科研经费报账基本流程”中的 4 个步骤改用“垂直流程” SmartArt 图形显示，颜色为“强调文字颜色 1”，样式为“简单填充”。

（8）“Word 素材 2.xlsx”文件中包含了报账单据信息，需使用“Word.docx”自动批量生成所有结算单。其中，对于结算金额为 5 000 元（含）以下的单据，“经办单位意见”栏填写“同意，送财务审核”；否则填写“情况属实，拟同意，请所领导审批”。另外，因结算金额低于 500 元的单据不再单独审核，需在批量生成结算单据时将这些单据记录自动跳过。生成的批量单据存放在考生文件夹下，以“批量结算单.docx”命名。

具体操作请参照二维码视频讲解。

【案例 16】课程论文排版

2012 级企业管理专业的林楚楠同学选修了“供应链管理”课程，并撰写了题目为“供应链中的库存管理研究”的课程论文。论文的排版和参考文献还需要进一步修改，根据以下要求，帮助林楚楠对论文进行完善。

（1）在文件夹下，将文档“Word 素材.docx”另存为“Word.docx”（“.docx”为扩展名），此后所有操作均基于该文档。

（2）为论文创建封面，将论文题目、作者姓名和作者专业放置在文本框中，并居中对齐；文本框的环绕方式为四周型，在页面中的对齐方式为左右居中。在页面的下侧插入图片“图片 1.jpg”，环绕方式为四周型，并应用一种映像效果。整体效果可参考示例文件“封面效果.docx”。

（3）对文档内容进行分节，使得“封面”“目录”“图表目录”“摘要”“1.引言”“2.库存管理的原理和方法”“3.传统库存管理存在的问题”“4.供应链管理环境下的常用库存管理方法”“5.结论”“参考书目”和“专业词汇索引”各部分的内容都位于独立的节中，且每节都从新的一页开始。

（4）修改文档中样式为“正文文字”的文本，使其首行缩进 2 字符，段前和段后的间距为 0.5 行；修改“标题 1”样式，将其自动编号的样式修改为“第 1 章，第 2 章，

第 3 章…”；修改标题 2.1.2 下方的编号列表，使用自动编号，样式为“1）、2）、3）…”；复制考生文件夹下“项目符号列表.docx”文档中的“项目符号列表”样式到论文中，并应用于标题 2.2.1 下方的项目符号列表。

（5）将文档中的所有脚注转换为尾注，并使其位于每节的末尾；在“目录”节中插入“流行”格式的目录，替换“请在此插入目录！”文字；目录中需包含各级标题和“摘要”“参考书目”以及“专业词汇索引”，其中“摘要”“参考书目”和“专业词汇索引”在目录中需和标题 1 同级别。

（6）使用题注功能，修改图片下方的标题编号，以便其编号可以自动排序和更新，在“图表目录”节中插入格式为“正式”的图表目录；使用交叉引用功能，修改图表上方正文中对于图表标题编号的引用（已经用黄色底纹标记），以便这些引用能够在图表标题的编号发生变化时自动更新。

（7）将文档中所有的文本“ABC 分类法”都标记为索引项；删除文档中文本“供应链”的索引项标记；更新索引。

（8）在文档的页脚正中插入页码，要求封面页无页码，目录和图表目录部分使用“Ⅰ、Ⅱ、Ⅲ…”格式，正文以及参考书目和专业词汇索引部分使用“1、2、3…”格式。

（9）删除文档中的所有空行。

具体操作请参照二维码视频讲解。

【案例 17】编排家长信及回执

北京明华中学学生发展中心的小刘老师负责向校本部及相关分校的学生家长传达有关学生儿童医保扣款方式更新的通知。该通知需要下发至每位学生，并请家长填写回执。按下列要求帮助小刘老师编排家长信及回执。

（1）在文件夹下，将“Word 素材.docx”文件另存为“Word.docx”（“.docx”为扩展名），后续操作均基于此文件。

（2）进行页面设置：纸张方向横向、纸张大小 A3（宽 42 厘米 × 高 29.7 厘米），上、下边距均为 2.5 厘米、左、右边距均为 2.0 厘米，页眉、页脚分别距边界 1.2 厘米。要求每张 A3 纸上从左到右按顺序打印两页内容，左右两页均于页面底部中间位置显示格式为“-1-、-2-”类型的页码，页码自 1 开始。

（3）插入“空白（三栏）”型页眉，在左侧的内容控件中输入学校名称“北京明华中学”，删除中间的内容控件，在右侧插入考生文件夹下的图片 Logo.jpg 代替原来的内容控件， 适当缩小图片，使其与学校名称高度匹配。将页眉下方的分隔线设为标准红色、2.25 磅、上宽下细的双线型。

（4）将文中所有的空白段落删除，然后按表 1.5 的要求为指定段落应用相应格式。

表 1.5　　样式要求

段落	样式或格式
文章标题“致学生家长的一封信”	标题
“一、二、三、四、五”所示标题段落	标题 1
“附件 1、附件 2、附件 3、附件 4”所示标题段落	标题 2
除上述标题行及蓝色的信件抬头段外，其他正文格式	仿宋、小四号、首行缩进 2 字符，段前间距 0.5 行，行间距 1.25 倍
信件的落款（3 行）	居右显示

（5）利用“附件 1：学校、托幼机构‘一小’缴费经办流程图”下面用灰色底纹标出的文字、参考样例图绘制相关的流程图，要求：除右侧的两个图形之外其他各个图形之间使用连接线，连接线将会随图形的移动而自动伸缩，中间的图形应沿垂直方向左右居中。

（6）将“附件 3：学生儿童‘一小’银行缴费常见问题”下的绿色文本转换为表格，并参照素材中的样例图片进行版式设置，调整其字体、字号、颜色、对齐方式和缩进方式，使其有别于正文。合并表格同类项，套用一个合适的表格样式，然后将表格整体居中。

（7）令每个附件标题所在的段落前自动分页，调整流程图使其与附件 1 标题行合计占用一页。然后在信件正文之后（黄色底纹标示处）插入有关附件的目录，不显示页码，且目录内容能够随文章变化而更新。最后删除素材中用于提示的多余文字。

（8）在信件抬头的“尊敬的”和“学生儿童家长”之间插入学生姓名；在“附件 4：关于办理学生医保缴费银行卡通知的回执”下方的“学校：”“年级和班级：”（显示为“初三一班”格式）、“学号：”“学生姓名：”后分别插入相关信息，学校、年级、班级、学号、学生姓名等信息存放在考生文件夹下的 Excel 文档“学生档案.xlsx”中。在下方将制作好的回执复制一份，将其中“（此联家长留存）”改为“（此联学校留存）”，在两份回执之间绘制一条剪裁线，并保证两份回执在一页上。

（9）仅为其中所有学校初三年级的每位在校状态为“在读”的女生生成家长通知，通知包含家长信的主体、所有附件、回执。要求每封信中只能包含 1 位学生信息。将所有通知页面另外以文件名“正式通知.docx”保存在考生文件夹下（如果有必要，应删除文档中的空白页面）。

具体操作请参照二维码视频讲解。

【案例 18】制作家长会通知

刘老师正准备制作家长会通知，根据文件夹下的相关资料及示例，按下列要求帮助刘老师完成编辑操作。

（1）将文件夹下的“Word 素材.docx”文件另存为“Word.docx”（“.docx”为扩展

名），除特殊指定外后续操作均基于此文件。

（2）将纸张大小设为 A4，上、左、右边距均为 2.5 厘米、下边距 2 厘米，页眉、页脚分别距边界 1 厘米。

（3）插入“空白（三栏）”型页眉，在左侧的内容控件中输入学校名称“北京市向阳路中学”，删除中间的内容控件，在右侧插入考生文件夹下的图片 Logo.gif 代替原来的内容控件，适当剪裁图片的长度，使其与学校名称共占用一行。将页眉下方的分隔线设为标准红色、2.25 磅、上宽下细的双线型。插入“瓷砖型”页脚，输入学校地址“北京市海淀区中关村北大街××号 邮编：100871”。

（4）对包含绿色文本的成绩报告单表格进行下列操作：根据窗口大小自动调整表格宽度，且令语文、数学、英语、物理、化学 5 科成绩所在的列等宽。

（5）将通知最后的蓝色文本转换为一个 6 行 6 列的表格，并参照文件夹下的文档“回执样例.png”进行版式设置。

（6）在“尊敬的”和“学生家长”之间插入学生姓名，在“期中考试成绩报告单”的相应单元格中分别插入学生姓名、学号、各科成绩、总分，以及各种的班级平均分，要求通知中所有成绩均保留两位小数。学生姓名、学号、成绩等信息存放在考生文件夹下的 Excel 文档“学生成绩表.xlsx”中（提示：班级各科平均分位于成绩表的最后一行）。

（7）按照中文的行文习惯，对家长会通知主文档 Word.docx 中的红色标题及黑色文本内容的字体、字号、颜色、段落间距、缩进、对齐方式等格式进行修改，使其看起来美观且易于阅读。要求整个通知只占用一页。

（8）仅为其中学号为 C121401～C121405、C121416～C121420、C121440～C121444 的 15 位同学生成家长会通知，要求每位学生占 1 页内容。将所有通知页面另外保存在一个名为“正式家长会通知.docx”的文档中（如果有必要，应删除“正式家长会通知.docx”文档中的空白页面）。

（9）文档制作完成后，分别保存“Word.docx”和“正式家长会通知.docx”两个文档至文件夹下。

具体操作请参照二维码视频讲解。

【案例 19】论文编辑排版

小许正在撰写一篇有关质量管理的论文，按照如下要求帮助小许对论文进行编辑排版。

（1）在文件夹下，将“Word 素材.docx”文件另存为“Word.docx”（“.docx”为文件扩展名），后续操作均基于此文件。

（2）调整纸张大小为 A4，左、右页边距为 2cm，上、下页边距为 2.3cm。

（3）将表格外的所有中文字体及段落格式设为仿宋、四号、首行缩进 2 字符、单倍行距，将表格外的所有英文字体设为 Times New Roman、四号，表格中内容的字体、字号、段落格式不变。

（4）为第一段“企业质量管理浅析”应用样式“标题1”，并居中对齐。为“一、”“二、”“三、”“四、”“五、”“六、”对应的段落应用样式“标题2”。

（5）为文档中蓝色文字添加某一类项目符号。

（6）将表格及其上方的表格标题“表1 质量信息表”排版在1页内，并将该页纸张方向设为横向，将标题段“表1 质量信息表”置于表上方居中，删除表格最下面的空行，调整表格宽度及高度。

（7）将表格按“反馈单号”从小到大的顺序排序，并为表格应用一种内置表格样式，所有单元格内容为水平和垂直都居中对齐。

（8）在文档标题“企业质量管理浅析”之后、正文“有人说：产量是……”之前插入仅包含第2级标题的目录，目录及其上方的文档标题单独作为1页，将目录项设为三号字、3倍行距。

（9）为目录页添加首页页眉“质量管理”，居中对齐。在文档的底部靠右位置插入页码，页码形式为“第几页共几页”（注意：页码和总页数应当能够自动更新），目录页不显示页码且不计入总页数，正文页码从第1页开始。最后更新目录页码。

（10）为表格所在的页面添加编辑限制保护，不允许随意对该页内容进行编辑修改，并设置保护密码为空。

（11）为文档添加文字水印“质量是企业的生命”，格式为宋体、字号80、斜式、黄色、半透明。

具体操作请参照二维码视频讲解。

【案例20】文档编辑及排版

在某旅行社就职的小许为了开发德国旅游业务，在Word中整理了介绍德国主要城市的文档，按照如下要求帮助他对这篇文档进行完善。

（1）在文件夹下，将“Word素材.docx”文件另存为“Word.docx”（“.docx”为扩展名），后续操作均基于此文件。

（2）修改文档的页边距，上、下为2.5厘米，左、右为3厘米。

（3）将文档标题“德国主要城市”设置为表1.6中要求的格式。

表1.6　　格式要求

格式名称	要求
字体	微软雅黑，加粗
字号	小初
对齐方式	居中
文本效果	填充-橄榄色，强调文字颜色3，轮廓-文本2
字符间距	加宽，6磅
段落间距	段前间距：1行，段后间距：1.5行

（4）将文档第 1 页中的绿色文字内容转换为 2 列 4 行的表格，并进行如下设置（效果可参考考生文件夹下的“表格效果.png”示例）。

① 设置表格居中对齐，表格宽度为页面的 80%，并取消所有的框线。

② 使用考生文件夹中的图片“项目符号.png”作为表格中文字的项目符号，并设置项目符号的字号为小一号。

③ 设置表格中的文字颜色为黑色，字体为方正姚体，字号为二号，其在单元格内中部两端对齐，并左侧缩进 2.5 字符。

④ 修改表格中内容的中文版式，将文本对齐方式调整为居中对齐。

⑤ 在表格的上、下方插入恰当的横线作为修饰。

⑥ 在表格后插入分页符，使得正文内容从新的页面开始。

（5）为文档中所有红色文字内容应用新建的样式，要求如表 1.7 所示（效果可参考考生文件夹中的“城市名称.png”示例）。

表 1.7　样式要求

样式名称	要求
字体	微软雅黑，加粗
字号	三号
字体颜色	深蓝，文字 2
段落格式	段前、段后间距为 0.5 行，行距为固定值 18 磅，并取消相对于文档网格的对齐；设置与下段同页，大纲级别为 1 级
边框	边框类型为方框，颜色为“深蓝，文字 2”，左框线宽度为 4.5 磅，下框线宽度为 1 磅，框线紧贴文字（到文字间距磅值为 0），取消上方和右侧框线
底纹	填充颜色为“蓝色，强调文字颜色 1，淡色 80%”，图案样式为“5%”，颜色为自动

（6）为文档正文中除了蓝色的所有文本应用新建立的样式，要求如表 1.8 所示。

表 1.8　样式要求

样式名称	要求
字号	小四号
段落格式	两端对齐，首行缩进 2 字符，段前，段后间距为 0.5 行，并取消相对于文档网格的对齐

（7）取消标题“柏林”下方蓝色文本段落中的所有超链接，并按表 1.9 所示要求设置格式（效果可参考考生文件夹中的“柏林一览.png”示例）。

表 1.9　格式要求

样式名称	要求
设置并应用段落制表位	8 字符，左对齐，第 5 个前导符样式 18 字符，左对齐，无前导符 28 字符，左对齐，第 5 个前导符样式
设置文字宽度	将第 1 列文字宽度设置为 5 字符 将第 3 列文字宽度设置为 4 字符

（8）将标题“慕尼黑”下方的文本“Muenchen”修改为“München”。

（9）在标题“波茨坦”下方，显示名为“会议图片”的隐藏图片。

（10）为文档设置“阴影”型页面边框，及恰当的页面颜色，并设置打印时可以显示；保存“Word.docx”文件。

（11）将“Word.docx”文件另存为“笔画顺序.docx”到考生文件夹；在“笔画顺序.docx”文件中，将所有的城市名称标题（包含下方的介绍文字）按照笔画顺序升序排列，并删除该文档第一页中的表格对象。

具体操作请参照二维码视频讲解。

【案例 21】制作准考证

培训部小郑正在为本部门报考会计职称的考生制作准考证，按下列要求帮助小郑完成文档的编排。

（1）打开一个空白 Word 文档，利用文档“准考证素材及示例.docx”中的文本素材并参考其中的示例图制作准考证主文档，以“准考证.docx”为文件名保存在考生文件夹下（“.docx”为文件扩展名）。具体制作要求如下。

① 准考证表格整体水平、垂直方向均位于页面的中间位置。

② 表格宽度根据页面自动调整，为表格添加任一图案样式的底纹，以不影响阅读其中的文字为宜。

③ 适当加大表格第一行中标题文本的字号、字符间距。

④ “考生须知”四字竖排且水平、垂直方向均在单元格内居中，“考生须知”下包含的文本以自动编号排列。

（2）为指定的考生每人生成一份准考证，要求如下。

① 在主文档“准考证.docx”中，将表格中的红色文字替换为相应的考生信息，考生信息保存在文件夹下的 Excel 文档中。

② 标题中的考试级别信息根据考生所报考科目自动生成：“考试科目”为“高级会计实务”时，考试级别为“高级”，否则为“中级”。

③ 在考试时间栏中，令中级 3 个科目名称（素材中蓝色文本）均等宽占用 6 个字符宽度。

④ 表格中的文本字体均采用“微软雅黑”、黑色，并选用适当的字号。

⑤ 在“贴照片处”插入考生照片（提示：只有部分考生有照片）。

⑥ 为所属“门头沟区”且报考中级全部 3 个科目（中级会计实务、财务管理、经济法）或报考高级科目（高级会计实务）的考生每人生成一份准考证，并以“个人准考证.docx”为文件名保存到考生文件夹下，同时保存主文档“准考证.docx”的编辑结果。

具体操作请参照二维码视频讲解。

【案例 22】文档编辑及排版

在某学校任教的林涵需要对一篇 Word 格式的科普文章排版，按照如下要求，帮助她完成相关工作。

（1）在文件夹下，将“Word 素材.docx”文件另存为“Word.docx”（“.docx”为扩展名），后续操作均基于此文件。

（2）修改文档的纸张大小为“B5”，纸张方向为横向，上、下页边距为 2.5 厘米，左、右页边距为 2.3 厘米，页眉和页脚距离边界皆为 1.6 厘米。

（3）为文档插入“字母表型”封面，将文档开头的标题文本“西方绘画对运动的描述和它的科学基础”移动到封面页标题占位符中，将下方的作者姓名“林凤生”移动到作者占位符中，适当调整它们的字体和字号，并删除副标题和日期占位符。

（4）删除文档中的所有全角空格。

（5）在文档的第 2 页，插入“飞越型”提要栏的内置文本框，并将红色文本“一幅画最优美的地方和最大的生命力就在于它能够表现运动，画家们将运动称为绘画的灵魂。——拉玛左（16 世纪画家）”移动到文本框内。

（6）将文档中 8 个字体颜色为蓝色的段落设置为“标题 1”样式，3 个字体颜色为绿色的段落设置为“标题 2”样式，并按照表 1.10 的要求修改“标题 1”和“标题 2”样式的格式。

（7）新建“图片”样式，应用于文档正文中的 10 张图片，并修改样式为居中对齐和与下段同页；修改图片下方的注释文字，将手动的标签和编号“图 1”到“图 10”替换为可以自动编号和更新的题注，并设置所有题注内容为居中对齐，小四号字，中文字体为黑体，西文字体为 Arial，段前、段后间距为 0.5 行；修改标题和题注以外的所有正文文字的段前和段后间距为 0.5 行。

（8）将正文中使用黄色突出显示的文本“图 1”到“图 10”替换为可以自动更新的交叉引用，引用类型为图片下方的题注，只引用标签和编号。

表 1.10　样式要求

样式名称	要求
标题 1	字体格式：方正姚体，小三号，加粗，字体颜色为“白色，背景 1”； 段落格式：段前段后间距为 0.5 行，左对齐，并与下段同页； 底纹：应用于标题所在段落，颜色为“紫色，强调文字颜色 4，深色 25%”
标题 2	字体格式：方正姚体，四号，字体颜色为“紫色，强调文字颜色 4，深色 25%”； 段落格式：段前段后间距为 0.5 行，左对齐，并与下段同页； 边框：对标题所在段落应用下框线，宽度为 0.5 磅，颜色为“紫色，强调文字颜色 4，深色 25%”，且距正文的间距为 3 磅

（9）在标题“参考文献”下方，为文档插入书目，样式为“APA 第五版”，书目中文献的来源为文档“参考文献.xml”。

（10）在标题“人名索引”下方插入格式为“流行”的索引，栏数为 2，排序依据为拼音，索引项来自文档“人名.docx”；在标题“参考文献”和“人名索引”前分别插入分页符，使它们位于独立的页面中（文档最后如存在空白页，将其删除）。

（11）为文档除了首页外，在页脚正中央添加页码，正文页码自 1 开始，格式为“Ⅰ，Ⅱ，Ⅲ…”。

（12）为文档添加自定义属性，名称为“类别”，类型为文本，取值为“科普”。

具体操作请参照二维码视频讲解。

02 第2章　电子表格软件Excel 2010

Excel 被称为电子表格，其功能非常强大，可以进行各种数据的处理、统计分析和辅助决策操作，广泛地应用于管理、统计财经、金融等众多领域。Excel 2010 能够比以往版本使用更多的方式来分析、管理和共享信息。具体的功能如：能够突出显示重要数据趋势的迷你图，全新的数据视图切片和切块功能，能够让用户快速定位正确的数据点，支持在线发布随时随地访问编辑它们，支持多人协助共同完成编辑操作，简化的功能访问方式让用户几次单击即可保存、共享、打印和发布电子表格等。

本章的讲解是从建立工作表开始，逐步介绍表中数据的输入、单元格的编辑和工作表的操作方法等。在此基础上，进一步学习工作表的修饰操作、公式与函数的运用以及图表和图形对象的使用方法。另外，掌握好 Excel 的数据统计计算功能和数据库分析管理功能，可以使制表工作更轻松、更高效，所制表格更实用。对于初学者，正确地使用 Excel 函数及进行多工作簿及工作表的操作会有一定的难度。可从简单表格、简单函数入手，同时通过案例操作快速掌握 Excel 2010 的操作。

2.1　认识 Excel 2010

无论是分析统计数据还是跟踪个人或公司费用，使用 Excel 2010 能够以更多的方式分析、管理和共享信息。Excel 2010 能更好地跟踪信息并做出更明智的决策，可以轻松向 Web 发布 Excel 工作簿并扩展与朋友和同事的共享及协作方式。其工作界面如图 2.1 所示。

（1）标题栏：显示应用程序名称及工作簿名称，默认名称为工作簿 1，其他按钮的操作类似 Word 2010。

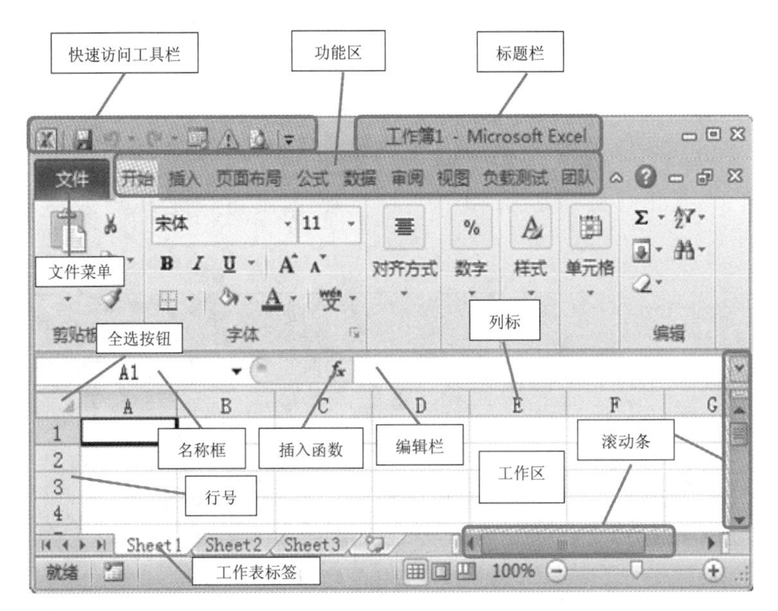

图 2.1 Excel 2010 工作界面

（2）功能区：共 10 个功能区，依次为文件、开始、插入、页面布局、公式、数据、审阅、视图、负载测试、团队。Excel 工作状态不同，功能区会随之发生变化。功能区的每个按钮对应了所有针对该软件的操作命令。

（3）编辑栏：左侧是名称框，显示单元格名称，中间是插入函数按钮以及插入函数状态下显示的 3 个按钮，右侧是编辑单元格计算需要的公式与函数或显示编辑单元格里的内容。

（4）工作区：用户输入数据的地方。

（5）列标：对表格的列命名，以英文字母排列，一张系统默认的 Excel 工作表有 16 384 列。

（6）行号：对表格的行命名，以阿拉伯数字排列，一张系统默认的 Excel 工作表有 1 048 576 行。

（7）单元格名称：行列交错形成单元格，单元格的名称为列标加行号，如：H20。

（8）水平（垂直）滚动条：水平（垂直）拖动显示屏幕对象。

（9）工作表标签：位于水平滚动条的左边，以 Sheet1、Sheet2 等来命名。Excel 启动后默认形成工作簿 1，每个工作簿可以包含很多张工作表，默认 3 张，可以根据需要进行工作表的添加与删除。单击工作表标签可以选定一张工作表。

（10）全选按钮：A 列左边 1 行的上边有个空白的按钮，单击可以选定整张工作表。

与旧版本的 Excel 2003 相比，Excel 2010 最明显的变化就是取消了传统的菜单操作方式，而代之于各种功能区。在 Excel 2010 窗口上方看起来像菜单的名称其实是功能区的名称，当单击这些名称时并不会打开菜单，而是切换到与之相对应的功能区。每个功能区根据功能的不同又分为若干个组，每个功能区所拥有的功能如下所述。

1. “开始”功能区

“开始”功能区中包括剪贴板、字体、对齐方式、数字、样式、单元格和编辑 7 个组，对应 Excel 2003 的“编辑”和“格式”菜单部分命令。该功能区主要用于帮助用户对 Excel 2010 表格进行文字编辑和单元格的格式设置，是用户最常用的功能区，如图 2.2 所示。

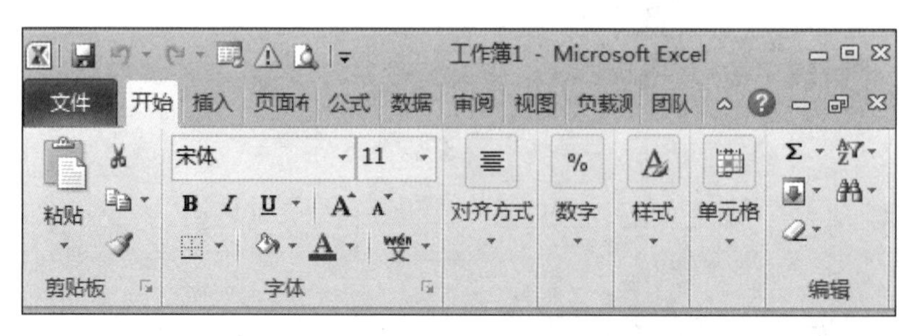

图 2.2 “开始”功能区

2. “插入”功能区

“插入”功能区包括表、插图、图表、迷你图、筛选器、链接、文本和符号等组，对应 Excel 2003 中“插入”菜单的部分命令，主要用于在 Excel 2010 表格中插入各种对象，如图 2.3 所示。

图 2.3 “插入”功能区

3. “页面布局”功能区

“页面布局”功能区包括主题、页面设置、调整为合适大小、工作表选项、排列等组，对应 Excel 2003 的“页面设置”菜单命令和“格式”菜单中的部分命令，用于帮助用户设置 Excel 2010 表格页面样式，如图 2.4 所示。

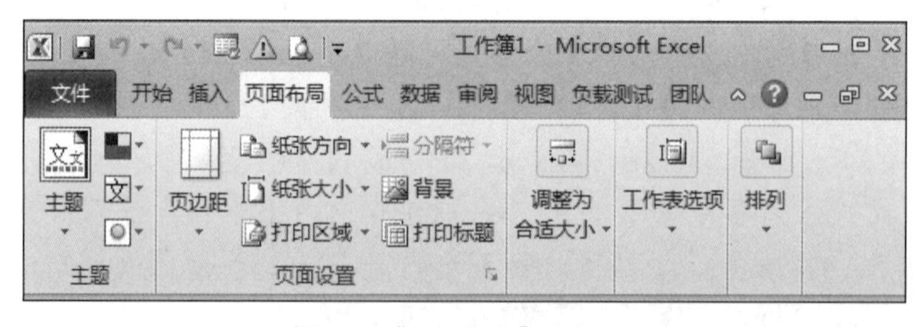

图 2.4 “页面布局”功能区

4. “公式”功能区

“公式”功能区包括函数库、定义的名称、公式审核和计算等组，用于实现在 Excel 2010 表格中进行各种数据计算，如图 2.5 所示。

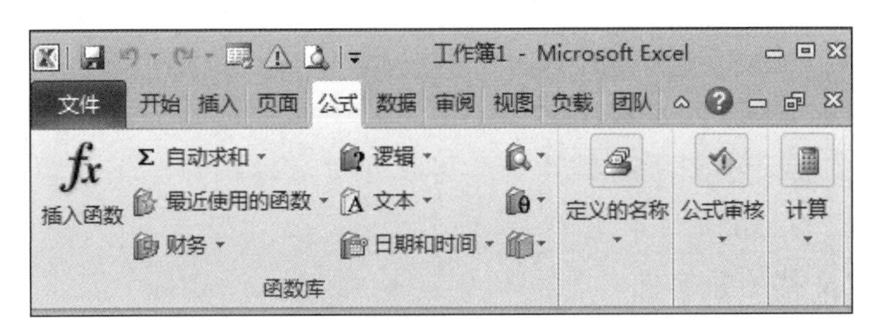

图 2.5 “公式”功能区

5. “数据”功能区

“数据”功能区包括获取外部数据、连接、排序和筛选、数据工具和分级显示等组，主要用于在 Excel 2010 表格中进行数据处理相关方面的操作，如图 2.6 所示。

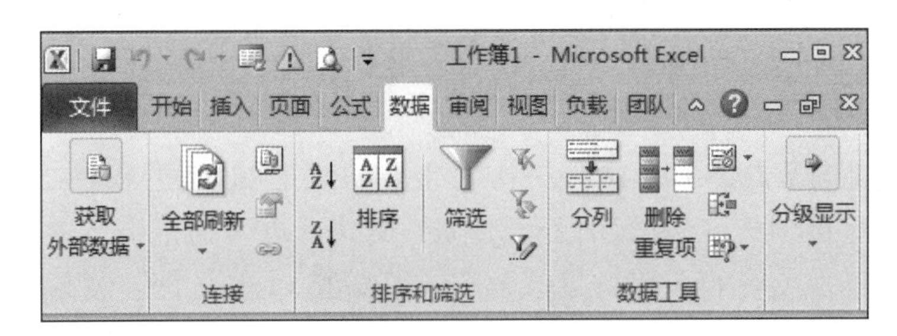

图 2.6 “数据”功能区

6. “审阅”功能区

“审阅”功能区包括校对、中文简繁转换、语言、批注和更改 5 个组，主要用于对 Excel 2010 表格进行校对和修订等操作，适用于多人协作处理 Excel 2010 表格数据，如图 2.7 所示。

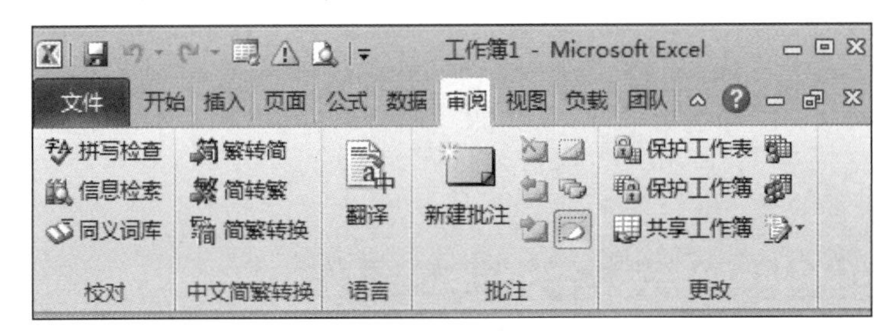

图 2.7 “审阅”功能区

7. “视图”功能区

“视图”功能区包括工作簿视图、显示、显示比例、窗口和宏等组，主要用于帮助用户设置 Excel 2010 表格窗口的视图类型，以方便操作，如图 2.8 所示。

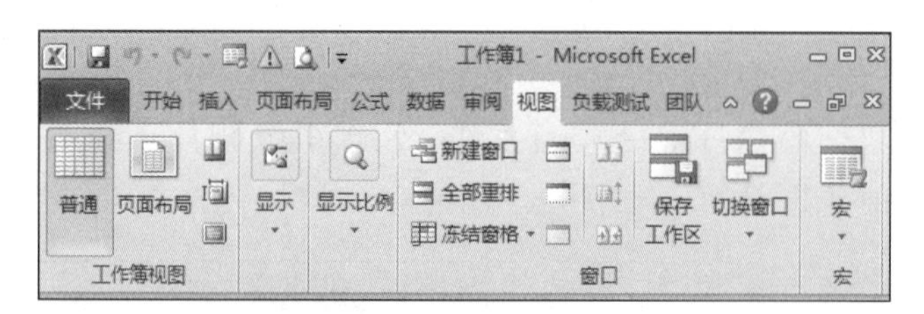

图 2.8 “视图”功能区

以上功能区的各个小图标的具体功能可以通过鼠标指针在相应功能区的分组小图标上悬停 3 秒弹出的功能提示信息查看。

8. xlsx 格式文件的兼容性

xlsx 格式文件伴随着 Excel 2007 被引入 Office 产品中，它是一种压缩包格式的文件。默认情况下，Excel 文件被保存成 xlsx 格式的文件（当然也可以保存成 2007 以前版本的兼容格式，带 VBA 宏代码的文件可以保存成 xlsm 格式），用户可以将后缀修改成 rar，然后用 WinRAR 软件打开它，可以看到里面包含了很多 xml 文件，这种基于 xml 格式的文件为在网络传输和编程接口方面提供了很大的便利性。相比 Excel 2007，Excel 2010 改进了文件格式对前一版本的兼容性，并且较前一版本更加安全。

9. Excel 2010 对 Web 的支持

较前一版本而言，Excel 2010 中一个最重要的改进就是对 Web 功能的支持，用户可以通过浏览器直接创建、编辑和保存 Excel 文件，以及通过浏览器共享这些文件。Excel 2010 Web 版是免费的，用户只需要拥有 Windows Live 账号便可以通过互联网在线使用 Excel 电子表格，除了部分 Excel 函数外，Microsoft 声称 Web 版的 Excel 将会与桌面版的 Excel 一样出色。另外，Excel 2010 还提供了与 Sharepoint 的应用接口，用户甚至可以将本地的 Excel 文件直接保存到 Sharepoint 的文档中心里。

10. 在图表方面的亮点

在 Excel 2010 中，一个非常方便好用的功能被加入“插入”菜单下，这个被称为 Sparklines 的功能可以根据用户选择的一组单元格数据描绘出波形趋势图，同时用户可以有好几种不同类型的图形选择。

这种小的图表可以嵌入 Excel 的单元格内，让用户获得快速可视化的数据表示，对于股票信息而言，这种数据表示形式将会非常适用。

2.2 Excel 2010 表格的基本操作

2.2.1 新建保存 Excel 文档

1. 新建空白工作簿

打开 Excel 2010，在“文件”菜单中选择“新建”选项，在右侧选择“空白工作簿”后单击界面右下角的“创建”按钮就可以新建一个空白的表格，如图 2.9 所示。

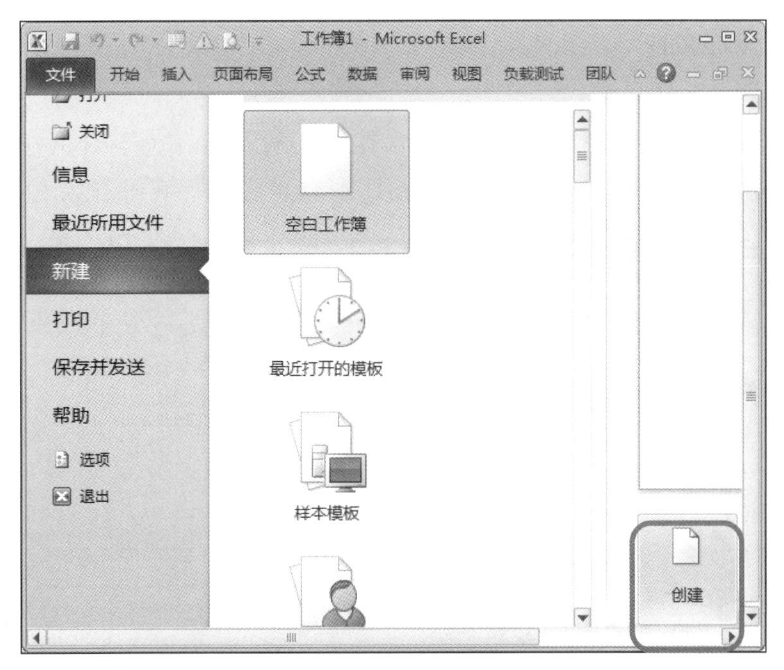

图 2.9 创建空白工作簿

除了建立上述空白工作簿外，用户还可以从模板新建工作簿。首先启动 Excel 2010，在“文件”菜单选项中选择“新建”选项，在右侧可以看到很多表格模板，选择需要的模板进行创建。选择好某个模板后，Excel 自动连网在 Office.com 上搜索该模板，在搜索出来的子模板中任选一个，单击界面右下角的“下载”按钮即可完成从模板创建文档。图 2.10 所示为差旅费报销单模板文档。

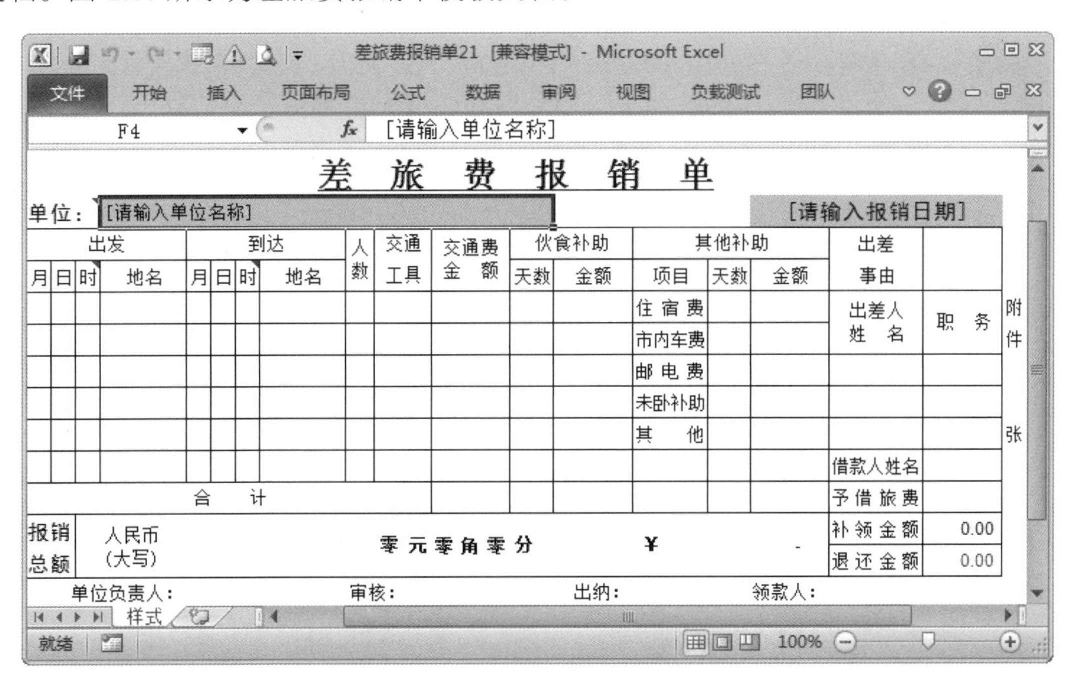

图2.10 差旅费报销单模板文档

2. 保存工作簿文件

（1）方法一

在“文件”菜单下单击“保存”按钮，在弹出的“另存为”对话框中选择文件的保存位置及更改文件名后，单击“保存”按钮，就可完成保存操作，如图 2.11 所示。

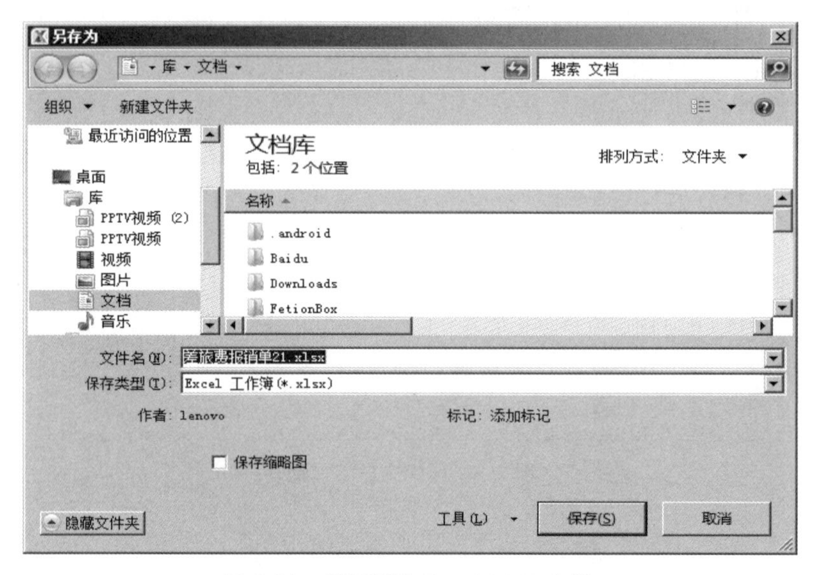

图 2.11　保存新建 Excel 2010 文档

（2）方法二

按 Ctrl+S 组合键或单击“文件”菜单中的“另存为”命令后同样可以弹出上述“另存为”对话框界面，然后按照方法一中的步骤操作即可完成文档的保存了。

对于已经保存过的文件，用户可以设置定时保存，操作同 Word 2010 一样。

在“文件”菜单选项中单击“选项”按钮。在“Excel 选项”对话框中，选择“保存选项”，在右侧“保存自动恢复信息时间间隔”中设置所需要的时间间隔，如图 2.12 所示。

图 2.12　Excel 文档的定时保存功能

2.2.2 数据输入

1. 设置单元格格式

“设置单元格格式”对话框是 Excel 2000 和 Excel 2003 中用于设置单元格数字、边框、对齐方式等格式的主要界面。而在 Excel 2010 中，Microsoft 将“设置单元格格式”中的大部分命令放在了“开始”功能区中。但是如果用户习惯于在“设置单元格格式”对话框中操作，或者“开始”功能区找不到需要的命令，则可以在 Excel 2010 中通过以下 4 种方式打开“设置单元格格式”对话框。

方式 1：打开 Excel 2010 工作簿窗口，在“开始”功能区的“字体”“对齐方式”或“数字”分组中单击“设置单元格格式”对话框启动按钮。

方式 2：打开 Excel 2010 工作簿窗口，右键单击任意单元格，选择“设置单元格格式”命令。

方式 3：打开 Excel 2010 工作簿窗口，在“开始”功能区的“单元格”分组中单击“格式”命令，并在打开的菜单中选择“设置单元格格式”命令。

方式 4：打开 Excel 2010 工作簿，按 Ctrl+1（阿拉伯数字 1）组合键即可打开“设置单元格格式”对话框。

在 Microsoft Office Excel 2010 中，可以更改数据在单元格中的多种显示方式。例如，可以指定小数点右侧的位数，还可以为单元格添加图案和边框。可以在“设置单元格格式”对话框中访问和修改其中的大部分设置。打开“设置单元格格式”对话框，如图 2.13 所示，用户可根据需要选择其中的各功能选项卡进行设置。选项卡有数字、对齐、字体、边框、填充、保护，下面逐一介绍。

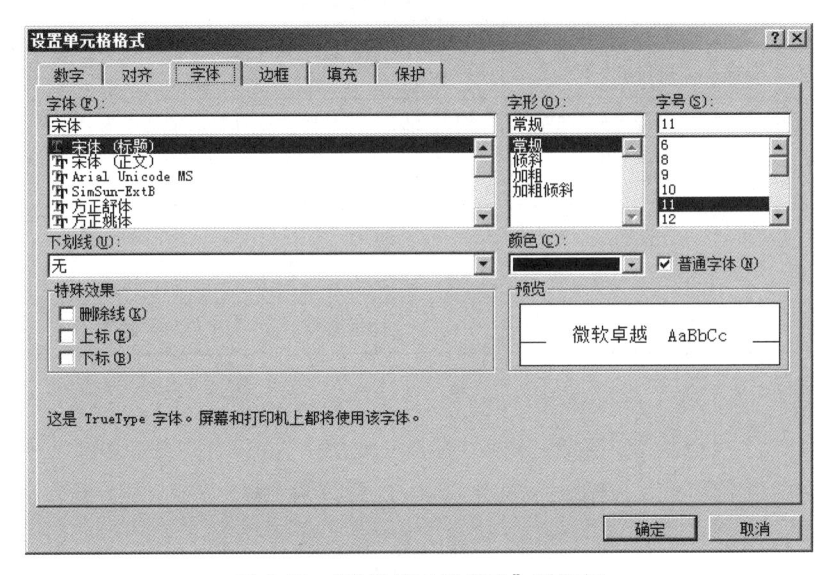

图 2.13 “设置单元格格式”对话框

（1）“数字”选项卡

默认情况下，所有的工作表单元格都使用“常规”数字格式。使用“常规”数字格式，在单元格中键入的任何内容通常都保持原样。例如，如果在单元格中键入 5406，然后按 Enter 键，则单元格的内容将显示为“5406”。这是由于单元格保持“常规”数字格式。但是，如果首先将单元格的格式设置为日期（例如，mm/dd /yyyy），然后键入“5406”，则单元格中将显示“10/19/1914”。

在某些情况下，虽然 Excel 2010 保持“常规”数字格式，但是，单元格内容却不完全按照所输入的内容显示。例如，如果在一个窄列中键入一长串数字（如 123456789），则单元格中可能会显示类似“1.2E+08”的内容。在这种情况下检查单元格的数字格式时，会看到单元格仍保持“常规”数字格式。

最后，还可能会出现以下情况：Excel 2010 根据单元格中键入的字符将“常规”数字格式自动更改为其他格式。此功能使用户不必手动进行一些容易识别的数字格式更改。

通常，在单元格中键入以下类型的数据时，Excel 2010 都将应用自动设置数字格式：货币、百分比、日期、时间、分数、科学记数。表 2.1 列出了可用的内置数字格式。

表 2.1　　Excel 2010 内置数字格式

分类	备注
数值	选项包括小数位数、是否使用千位分隔符以及用于负数的格式
货币	选项包括小数位数、用于货币的符号以及用于负数的格式。此格式用来表示常规货币值
会计专用	选项包括小数位数以及用于货币的符号。此格式会对齐数据列中的货币符号以及小数点
日期	在“类型”列表中选择日期的样式
时间	在“类型”列表中选择时间的样式
百分比	将现有的单元格值乘以 100，然后在结果后显示一个百分号。如果首先设置单元格的格式，之后键入数字，那么，只有 0～1 的数字会乘以 100。唯一的选项就是小数位数
分数	在“类型”列表中选择分数的样式。如果在键入值之前没有将单元格设置为分数格式，则可能需要先在分数之前键入一个零或空格。例如，如果在采用“常规”数字格式的单元格中键入 1/4，Excel 2010 会将该数据视为日期。要将该数据以分数形式键入，在该单元格中键入 01/4
科学记数	唯一的选项是小数位数
文本	设置为文本格式的单元格会将用户键入的任何内容都视为文本。其中包括数字
特殊	在“类型”列表中选择以下选项之一：“中文小写数字”或“中文大写数字”

（2）“对齐”选项卡

通过使用“设置单元格格式”对话框上“对齐”选项卡中的设置，可以在单元格中对文本和数字进行定位、更改方向并指定文本控制功能。在“对齐”选项卡的“文本控制”部分中，还有一些额外的文本对齐控制。这些控制包括“自动换行”“缩小字体填充”和“合并单元格”。使用“自动换行”可以使文本在选定的单元格中换行，换行后的行数取决于列宽和单元格中内容的长度。可以在“方向”部分中设置选定单元格中的文本方向。在“度”框中使用正数，可以让所选文本从选定单元格的左下角旋转到右上角。在该框中使用负数，可以让所选文本从选定单元格的左上角旋转到右下角。要使文本按从上到下垂直显示，需在“方向”下面单击“文本”，这将使单元格中的文本、数字和公式呈堆积状。

（3）“字体”选项卡

使用“设置单元格格式”对话框中“字体”选项卡上的设置进行相应的字体设置。可以通过查看该对话框的“预览”部分来预览所做的设置。

（4）“边框”选项卡

在 Excel 2010 中，可以给单个单元格加边框，也可以在某个单元格区域周围加边框。还可以从单元格的左上角到右下角或从单元格的左下角到右上角画一条线。要根据这些单元格的默认设置来自定义边框，请更改线条样式、线条粗细或线条颜色。

（5）“填充”选项卡

使用“填充”选项卡上的设置可以为选定的单元格设置背景色。此外，还可以使用“图案颜色”和“图案样式”列表向单元格的背景应用双色图案或底纹。使用“填充效果”可以向单元格的背景应用渐变填充。

要用图案为单元格加底纹，按照下列步骤操作。

① 选择要加底纹的单元格。

② 在选定的单元格范围内单击右键，然后单击“设置单元格格式”。

③ 在“填充”选项卡上的“背景色”调色板中，单击一种颜色，以便使图案包括一种背景色。

④ 在“图案颜色”列表中单击一种颜色，然后从“图案样式”列表中单击所需的图案样式。

如果用户未选择图案颜色，则图案呈黑色。要选择自定义颜色，请单击“其他颜色”，然后从“标准”选项卡或“自定义”选项卡中选择一种颜色。要将选定单元格的背景色格式恢复到其默认状态，请单击“无颜色”。

（6）“保护”选项卡

“保护”选项卡提供下列可用来保护工作表数据和公式的设置：锁定、隐藏。但是，只有当工作表受到保护时，这两个选项才生效。要保护工作表，请在“审阅”选项卡上的“更改”组中，单击“保护工作表”。对于工作表中的所有单元格，“锁定”选项在默认情况下处于启用状态。当该选项处于启用状态而且工作表受保护时，无法执行下列操作。

① 更改单元格数据或公式。

② 在空白单元格中键入数据。

③ 移动单元格。

④ 调整单元格的大小。

⑤ 删除单元格或其内容。

因此，如果希望在保护工作表之后能够在某些单元格中键入数据，要确保在这些单元格上单击以清除“锁定”复选框。

2. 输入方式

若要在单元格中自动换行，请选择要设置格式的单元格，然后在“开始”选项卡上的“对齐方式”组中，单击“自动换行”。若要将列宽和行高设置为根据单元格中的内容自动调整，请选中要更改的列或行，然后在“开始”选项卡上的“单元格”组中单击“格式”，在“单元格大小”下，单击“自动调整列宽”或“自动调整行高”。

（1）方式一：输入数据时，单击某个单元格，然后在该单元格中键入数据，按 Enter 或 Tab 键移到下一个单元格。若要在单元格中另起一行输入数据，按 Alt+Enter 组合键输入一个换行符。

若要输入一系列连续数据，例如日期、月份或渐进数字，请在一个单元格中键入起始值，然后在下一个单元格中再键入一个值，建立一个模式。例如，如果用户要使用序列 1、2、3、4、5…请在前两个单元格中键入 1 和 2。选中包含起始值的单元格，然后拖动填充柄（选中的单元格或选中区域的右下角小方块，当鼠标指针移到小方块上时指针的形状由空心的“十”字变成实心的“十”字），涵盖要填充的整个范围。要按升序填充，请从上到下或从左到右拖动。要按降序填充，请从下到上或从右到左拖动。

（2）方式二：导入.txt 文件。

① 打开 Excel 2010，单击“数据”选项卡，然后在最左边的“获取外部数据”菜单中选择“自文本”选项，如图 2.14 所示。

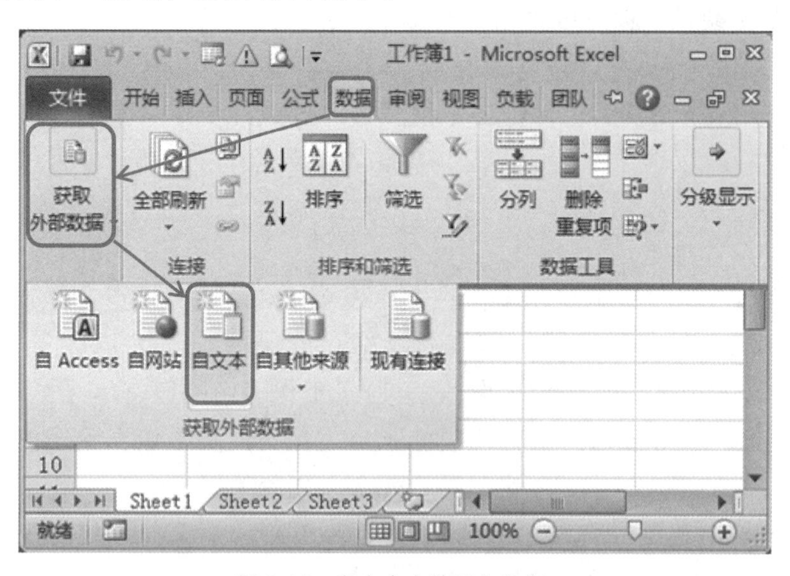

图 2.14　自文本文件导入数据

② 在“导入文本文件”窗口中选择需要导入的文件（.txt 格式的文件），单击“导入”按钮。

③ 在打开的“文本导入向导-步骤之 1（共 3 步）”对话框中选择“分隔符号”选

项并单击“下一步”按钮。

④ 在打开的“文本导入向导-步骤之 2”对话框中添加分列线，单击“下一步”按钮。

⑤ 在打开的“文本导入向导-步骤之 3”对话框中的“列数据格式”组合框中选中“文本”，然后单击“完成”按钮。

⑥ 此时会弹出一个“导入数据”窗口，选择“新工作表”，单击“确定”按钮即可。

⑦ 返回到 Excel 工作表，就可以看到数据导入成功了。

2.2.3 单元格操作

1. 插入单元格、行和列

首先选中一个单元格，单击鼠标右键，在弹出的快捷菜单中选中“插入”按钮。弹出单元格“插入”对话框，如图 2.15 所示，可以看到图中的 4 个选项。

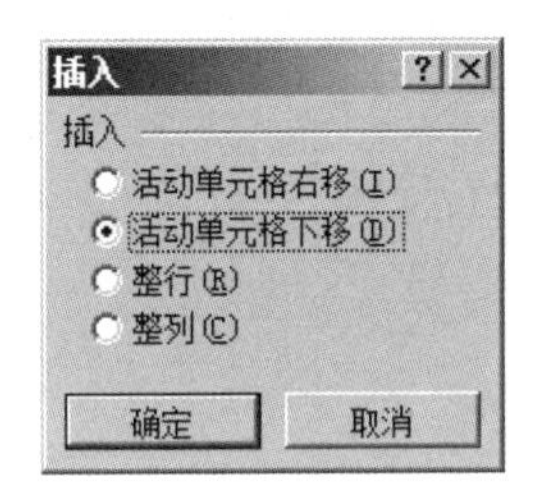

图 2.15 单元格“插入”对话框

活动单元格右移：表示在选中单元格的左侧插入一个单元格。

活动单元格下移：表示在选中单元格上方插入一个单元格。

整行：表示在选中单元格的上方插入一行。

整列：表示在选中单元格的左侧插入一行。

在图 2.15 所示的 4 个选项中选择其中一个并单击“确定”按钮即可完成插入操作。

如要插入一行或多行，则用鼠标指针在行标上选中一行或多行，单击鼠标右键，在弹出的快捷菜单中选择“插入”按钮。若插入一列或多列，则用鼠标指针在列标上选中一列或多列，单击鼠标右键，在弹出的快捷菜单中选择“插入”按钮。

2. 删除单元格、行和列

首先选中一个单元格，单击鼠标右键，在弹出的快捷菜单中选中“删除”按钮。弹出单元格“删除”对话框，如图 2.16 所示，可以看到图中的 4 个选项。

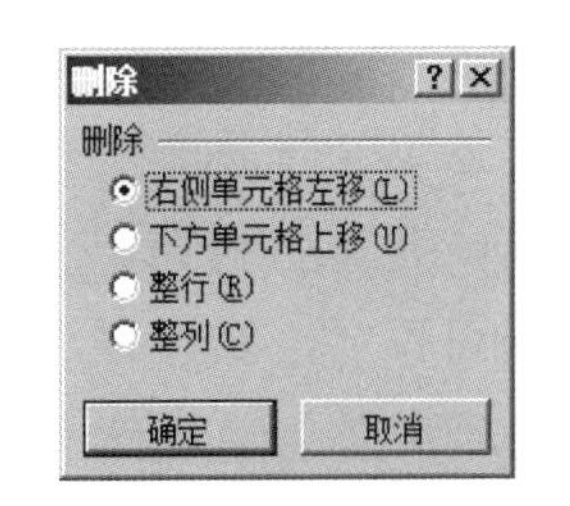

图 2.16 单元格“删除”对话框

右侧单元格左移：表示删除选中单元格后，该单元格右侧的整行向左移动一格。

下方单元格上移：表示删除选中单元格后，该单元格下方的整列向上移动一格。

整行：表示删除该单元格所在的一整行。

整列：表示删除该单元格所在的一整列。

在图 2.16 所示的 4 个选项中选择其中一个并单击“确定”按钮即可完成删除操作。

如要删除一行或多行，则用鼠标指针在行标上选中一行或多行，单击鼠标右键，在弹出的快捷菜单中选择“删除”按钮。若删除一列或多列，则用鼠标指针在列标上选中一列或多列，单击鼠标右键，在弹出的快捷菜单中选择“删除”按钮。

3. 拖动单元格进行移动或复制操作的设置

首先打开 Excel 2010，选择左上角的“文件”功能栏，然后单击“选项”功能。

弹出“Excel 选项”对话框，单击“高级”选项，在“编辑选项”中选中“启用填充柄和单元格拖放功能”复选框并单击“确定”按钮，即可在 Excel 工作表中进行拖动单元格完成移动或复制操作。

如选中某单元格或区域，在 Excel 编辑栏中输入任意字符或数字，用鼠标指针选中该单元格或区域，将鼠标指针移到单元格或区域的边框上按住鼠标左键不放，拖动指针至其他区域释放鼠标即可完成移动操作。如需复制单元格或区域，则在移动操作过程中按住键盘上的 Ctrl 键并与鼠标联合操作完成复制功能。

4. 冻结拆分窗口

（1）冻结窗口

打开 Excel 工作表，如果要冻结“A1”单元格所在的行（往往是标题行），则选中“A2”单元格，在菜单栏单击“视图”选项卡。在窗口选项组中单击“冻结窗口”的箭头按钮。在打开的菜单中单击“冻结拆分窗格”命令，如图 2.17 所示。

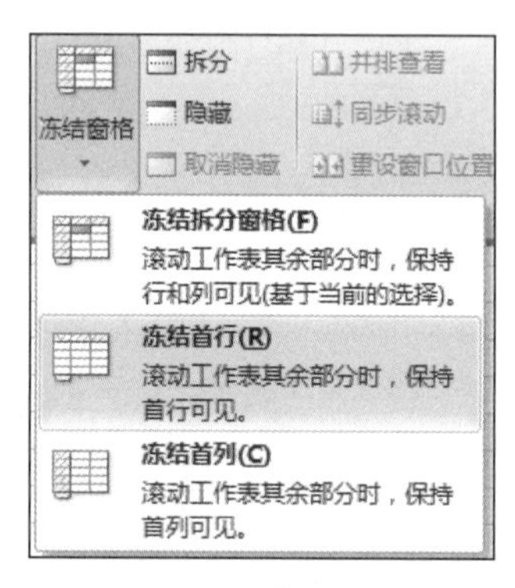

图 2.17　冻结窗口

选择“冻结首行”命令，可以看到“A1”这一行的下面多了一条横线，这就是被冻结的状态。此时，向下拉动垂直滚动条，窗口中的第一行不随着滚动条向上移动。同理可以“冻结首列”，或者将选中单元格的上方和左方的单元格区域同时冻结。取消冻结窗格的操作比较简单，在此不再赘述。

（2）拆分窗口

工作表的拆分是指把当前工作表的活动窗口拆分成窗格，并且在每个被拆分的窗格中都可以通过滚动条来显示工作表的各个部分，使用户可以在一个窗口中查看工作表不同部分的内容。工作表拆分一般分为水平拆分、垂直拆分和“水平+垂直”拆分3种。

选择活动单元格的位置，该位置就将成为工作表拆分的分割点；单击“视图”功能区中“窗口”分组中的“拆分”命令，就在选定的单元格处将工作表分成4个独立的窗格。在其中任意一个窗格内输入或编辑数据，在其他的窗格中会同时显示相应的内容。

可以利用鼠标指针拖动拆分条的方式随心所欲地拆分工作表。当鼠标指针移到拆分条上时，指针箭头会变成带有双箭头的双竖线。拖动垂直拆分条（在垂直滚动条▲上方的小方块，当指针移至此处指针形状将变成上下指向箭头），可将窗口分成上下两个窗格；拖动水平拆分条（在水平滚动条▲右方的小方块，当指针移至此处指针形状将变成左右指向箭头），可将窗口分成左右两个窗格；分别拖动两个拆分条，可将窗口分成4个窗格。

将工作表被拆分以后，仍可拖动鼠标指针来改变拆分条的位置。再次单击“视图”功能区中“窗口”分组中的“拆分”命令即可撤销对工作表的拆分。

5. 清除单元格内容和格式

首先选中要删除内容格式的单元格，在“开始”菜单“编辑”项中选择“全部清除”按钮，这样就可以将单元格中的所有内容及格式设置清除。

2.2.4 工作表操作

1. 添加工作表

方法一：单击表格下方的（插入工作表）按钮就可以添加一个工作表。

方法二：鼠标选中已经存在的工作表，如Sheet3，单击鼠标右键，在弹出菜单中选择“插入”选项，如图2.18所示。

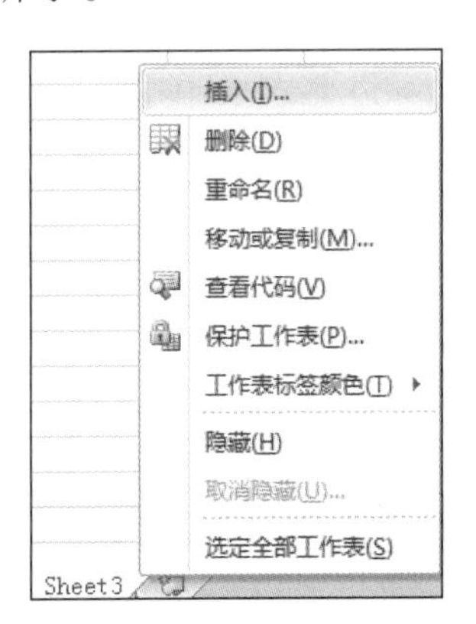

图2.18 添加工作表快捷菜单

在“插入”界面对话框中的“常用”选项卡中选择“工作表”，单击“确定”按钮后就可以插入新的工作表了。

2. 删除工作表

鼠标选中所要删除的工作表 Sheet，单击鼠标右键，在弹出菜单中选择“删除”选项即可。

3. 移动与复制工作表

（1）要将工作表移动或复制到另一个工作簿中，请确保在 Microsoft Office Excel 中打开该工作簿。

（2）在要移动或复制的工作表所在的工作簿中，选择所需的工作表。如何选择工作表，详见表 2.2。

表 2.2　　工作表的选择方式

选择	操作
一张工作表	单击该工作表的标签 Sheet1 Sheet2 Sheet3 如果看不到所需标签，请单击标签滚动按钮以显示所需标签，然后单击该标签 Sheet1 Sheet2 Sheet3
两张或多张相邻的工作表	鼠标单击第一张工作表的标签，然后在按住 Shift 键的同时单击要选择的最后一张工作表的标签
两张或多张不相邻的工作表	鼠标单击第一张工作表的标签，然后在按住 Ctrl 键的同时单击要选择的其他工作表的标签
所有工作表	鼠标右键单击某一张工作表的标签，然后在弹出的快捷菜单中单击“选定全部工作表”命令

在选定多张工作表时，将在工作表顶部的标题栏中显示“[工作组]”字样。要取消选择工作簿中的多张工作表，请单击任意未选定的工作表。如果看不到未选定的工作表，请右键单击选定工作表的标签，然后单击快捷菜单上的“取消组合工作表”。

（3）在“开始”选项卡上的“单元格”组中，单击“格式”，然后在“组织工作表”下单击“移动或复制工作表”。也可以右键单击选定的工作表标签，然后单击快捷菜单上的“移动或复制工作表”。

（4）在“工作簿”列表中，执行下列操作之一：单击选定的工作表要移动或复制到的工作簿。单击“新工作簿”，将选定的工作表移动或复制到新工作簿中。

（5）在“下列选定工作表之前”列表中，执行下列操作之一：单击要在其之前插入移动或复制的工作表的工作表。单击“移至最后”，将移动或复制的工作表插入到工作簿中最后一个工作表之后以及“插入工作表”标签之前。

（6）要复制工作表而不移动它们，选中“建立副本”复选框。

要在当前工作簿中移动工作表，可以沿工作表的标签行拖动选定的工作表。要复制工作表，按住 Ctrl 键，然后拖动所需的工作表；释放鼠标按钮，然后释放 Ctrl 键。

4. 切换工作表

切换工作表主要有以下两种方法。

（1）直接使用鼠标对工作表标签 Sheet 进行单击切换。

（2）使用 Ctrl+PageUp 和 Ctrl+PageDown 组合键，可以快速进行工作表切换。

5. 重命名工作表

重命名工作表的方法大致也有两种，如下所示。

（1）鼠标右键单击工作表 Sheet，选择“重命名”选项，这时工作表 Sheet 的字样背景变成黑色可编辑状态，等待用户输入新的名称。

（2）直接双击工作表的 Sheet 标签，同样可以进行上述操作。

2.2.5 撤销与恢复

1. 撤销操作

在 Microsoft Office Excel 中，用户可以撤销和恢复多达 100 项操作，甚至在保存工作表之后也可以。用户还可以重复任意次数的操作。要撤销操作，请执行下列一项或多项操作。

单击“快速访问”工具栏上的“撤销”(指向左上方的箭头)按钮。或者使用 Ctrl+Z 组合键即可。

要同时撤销多项操作，请单击“撤销”按钮旁的下拉箭头，从列表中选择要撤销的操作，然后单击列表。Excel 将撤销所有选中的操作。

在按 Enter 键前，要取消在单元格或编辑栏中的输入，按 Esc 键。

某些操作无法撤销，如单击任何“Microsoft Office 按钮”命令或者保存工作簿。如果操作无法撤销，“撤销”命令会变成“无法撤销”。

2. 恢复撤销的操作

要恢复撤销的操作，请单击“快速访问”工具栏上的“恢复”（指向右上方的箭头）按钮。或使用键盘快捷方式，按 Ctrl+Y 组合键即可。

在恢复所有已撤销的操作时，“恢复”命令变为“重复”按钮。

3. 重复上一项操作

要重复上一项操作，单击“快速访问”工具栏上的“重复”按钮，或使用 Ctrl+Y 组合键。

某些操作无法重复，如在单元格中使用函数。如果不能重复上一项操作，“重复”命令将变为“无法重复”。

2.2.6 文档的保护及打印

1. 文件安全

有些资料不希望别人看到，最常用的方法就是加密。对给定的相关文件进行加密可以对文件进行保护，可以防止某些重要信息被别人知道甚至窃取。对文件进行保护，可以方便用户使用某些只有自己能知道的信息，能够安全保护文件的相关内容及信息不外流。随着信息社会的到来，人们在享受信息资源所带来的巨大利益的同时，也面临着信息安全的严峻考验。信息安全已经成为世界性的现实问题，信息安全问题已威胁到国家的政治、经济、军事、文化、意识形态等领域，同时，信息安全问题也是人们保护个人隐私的关键。信息安全是社会稳定安全的必要前提条件。

文档加密的操作步骤如下。

第 1 步：打开需要加密的文档，在功能区单击“文件”选项，在弹出的菜单中默认选择的是“信息”选项。

第 2 步：在信息选项右侧的窗格中单击“保护工作簿”，并在下拉菜单中选择“用密码进行加密”，如图 2.19 所示。

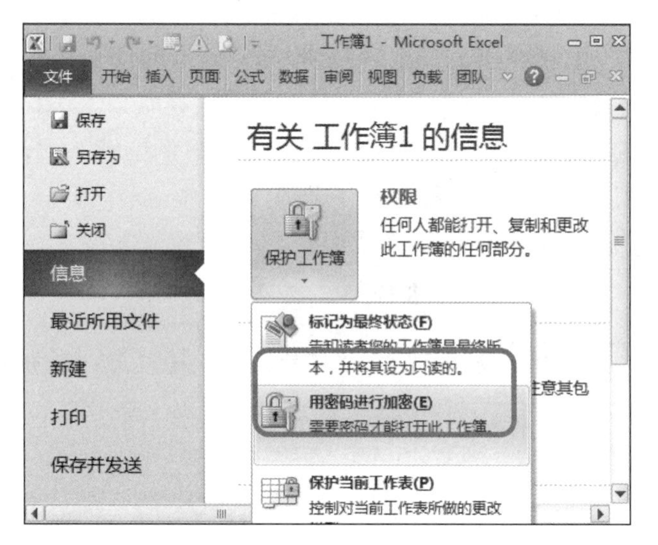

图 2.19 文档加密保护

第 3 步：在弹出的“加密文档”对话框中的密码输入框输入想要设定的密码，在随后弹出的“确认密码”对话框中重新输入相同密码确认即可，如图 2.20 所示。

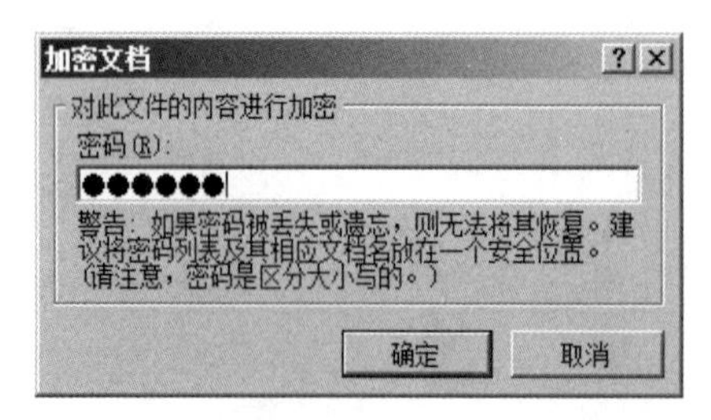

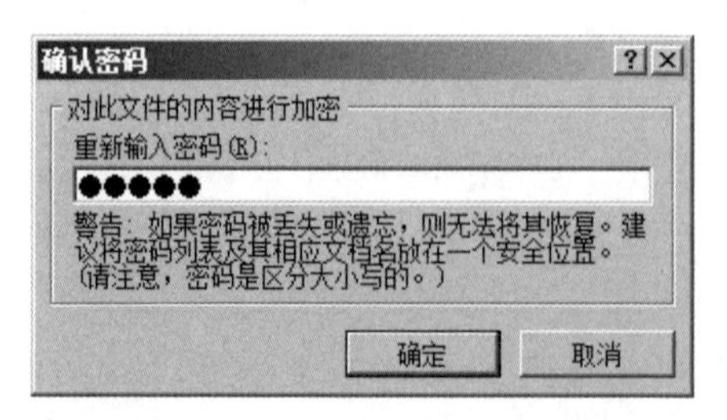

图 2.20 加密确认

2. 打印

Excel 文档在打印前应根据需要进行区域设置。

第 1 步：打开 Excel 2010 工作表窗口，选中需要打印的工作表内容。

第 2 步：切换到“页面布局”功能区。在“页面设置”分组中单击“打印区域”按钮，并在打开的列表中单击“设置打印区域”命令即可。

如果为当前 Excel 2010 工作表设置打印区域后又希望能临时打印全部内容，则可以使用“忽略打印区域”功能。操作方法为：依次单击“文件→打印”命令，在打开的打印窗口中单击“设置”区域的打印范围下拉三角按钮，并在打开的列表中选中“忽略打印区域”选项，如图 2.21 所示。

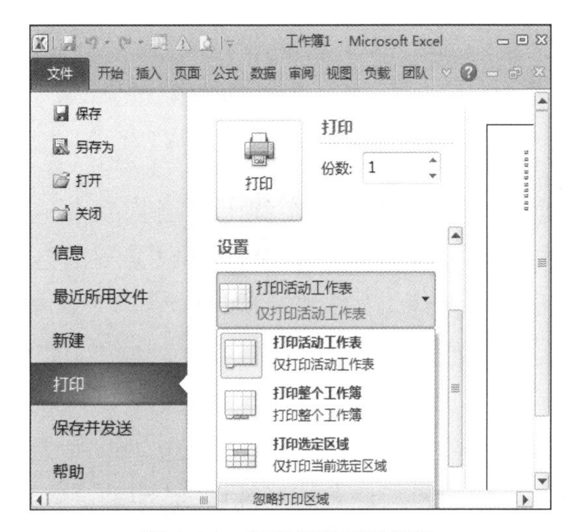

图 2.21　忽略打印区域设置

关于页边距，Excel 2003 和 Excel 2007 在打印预览时都可以直接单击页面来缩放页面大小，还可以单击“页边距”按钮及选择“显示边距”选项来查看页边距，或通过拖动黑色边距控点或线条来调整边距。同样，在 Excel 2010 中也有“手动调整页边距”这项功能。操作步骤如下。

方法一：非手动设置页边距方法。

（1）在窗口中单击“页面布局”功能区。

（2）选择“页面设置”分组按钮。弹出“页面设置”对话框。

（3）在对话框中选择“页边距”选项卡。

（4）在“页边距”选项面板中根据需要调整上、下、左、右 4 个方向的边距数据值。

方法二：手动设置页边距方法。

（1）单击窗口中的“文件”菜单，选择打印选项。

（2）在窗口最大化状态下单击右下角的“显示边距”按钮，或在窗口的还原状态下将垂直滚动条拖到最下方，将水平滚动条拖到最右方，选择“显示边距”按钮。此时，预览窗口中的界面将增加边距和行距、列距的调整线，如图 2.22 所示。

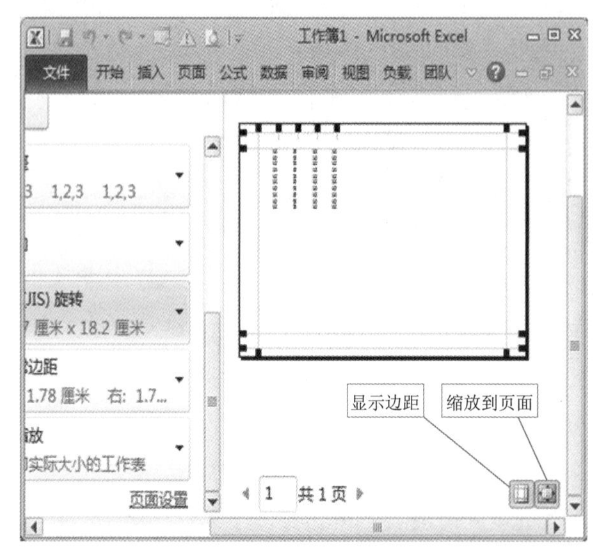

图 2.22 显示边距

（3）将鼠标指针移动至需要调整的边距线上，当指针变成上下箭头或左右箭头时即可调整上下边距或左右边距。如果需要调整某行或某列的打印宽度，同样将鼠标指针移至需要调整的行或列的调整线上进行拖动即可。

关于打印预览，就是在打印之前预览页面。本节介绍了如何通过在 Excel 2010 中显示打印预览，及如何使用“页面布局”视图，通过它可以在查看文档的同时对其进行更改和编辑。在 Excel 2010 中显示打印预览的操作如下所述。

在 Excel 2010 中，依次单击“文件”和“打印”，即会显示“打印预览”，如图 2.23 所示。在预览中，用户可以配置所有类型的打印设置。例如，副本份数、打印机、页面范围、单面打印/双面打印、纵向、页面大小。

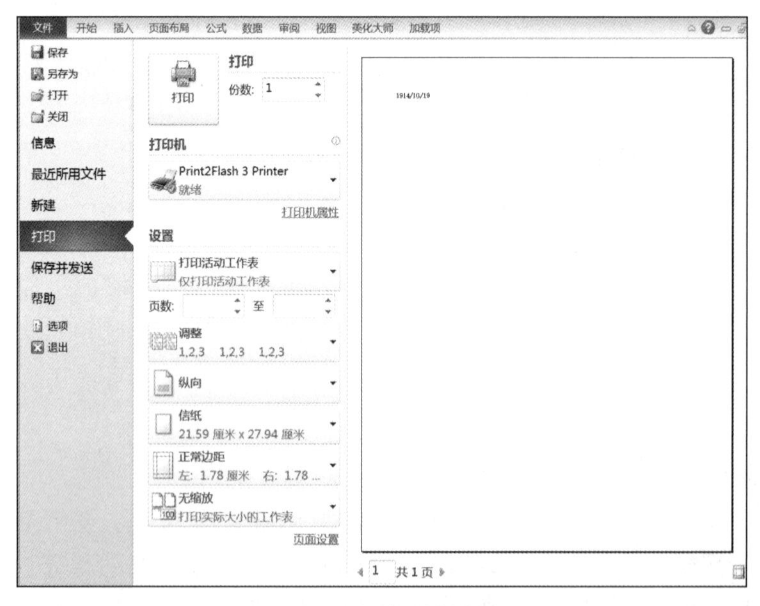

图 2.23 打印预览界面

打印预览非常直观，因为用户可以在窗口右侧查看文章打印效果的同时更改设置。如用户可以自动将一个 2 页的表格缩打在 1 页纸上。要使用此功能，单击“无缩放”并选择“将工作表调整为一页”即可，如图 2.24 所示。

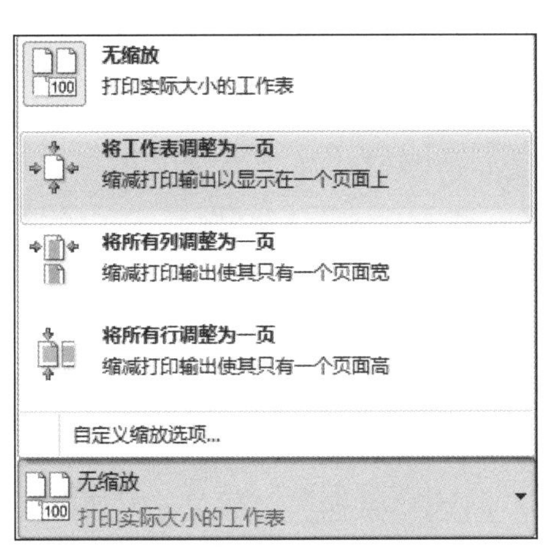

图 2.24　将工作表调整为一页打印

在 Excel 2010 中，有一种称为“页面布局视图”的功能，通过该功能，用户可以在查看工作表打印效果的同时对其进行编辑。操作方法如下。

在窗口的“视图”功能区中单击“页面布局”按钮。此时可以看到它的打印效果，而且表格周围的空白区域也是显示出来的。

在“页面布局”视图中用户还可以通过窗口右下方的按钮切换视图。3 个按钮分别代表“普通视图”“页面布局视图”和“分页预览”，如图 2.25 所示。

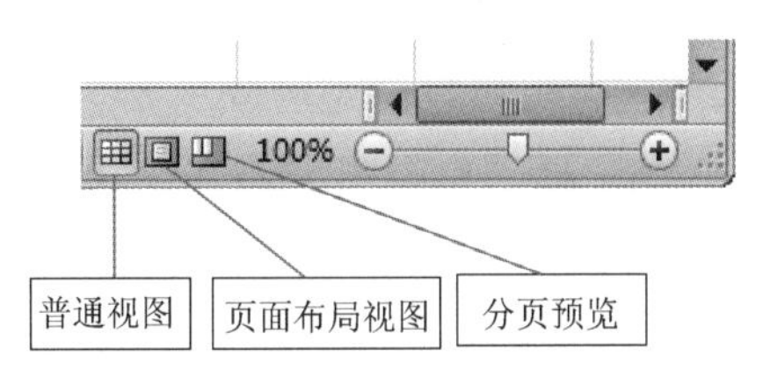

图 2.25　视图切换按钮

通过按钮切换视图，只需一次单击即可更改 Excel 2010 中的视图，记住这一点是非常有用的。通过“分页预览”视图，用户可以查看页面是如何分页的。在“普通”视图里可以更改工作表的内容，但是修改页眉页脚不如在“页面布局”视图方便。在“页面布局”视图里不仅可以像普通视图那样修改数据，还可以直接设置并修改页眉页脚或添加新的数据。

操作技巧 2.1

操作技巧 2.2

操作技巧 2.1　通过下拉列表快速输入数据，具体操作可扫描二维码查看。

操作技巧 2.2　快速填充数据系列，具体操作可扫描二维码查看。

2.3　Excel 2010 的格式设置

1．调整行高和列宽

当用户建立工作表时，Excel 中所有单元格具有相同的宽度和高度。在单元格宽度固定的情况下，当单元格中输入的字符长度超过单元格的列宽时，超长的部分将被截去，数字则用“#######”表示。当然，完整的数据还在单元格中，只不过没有显示出来。适当调整单元格的行高、列宽，才能完整地显示单元格中的数据。

根据用户需要，经常调整行高和列宽。调整的方法有很多种，基本的方法是利用软件自带的选项和命令按钮。

第 1 步：打开 Excel 2010 工作表窗口，选中需要设置高度或宽度的行或列。

第 2 步：在“开始”功能区的“单元格”分组中单击“格式”按钮，在打开的菜单中选择“自动调整行高”或“自动调整列宽”命令，则 Excel 2010 将根据单元格中的内容进行自动调整。

2．隐藏行和列

Excel 2010 有 1 048 576 行和 16 384 列，比 Excel 2003 多了很多行数和列数。可有时用户做表只需要其中一部分区域，其他空的部分，虽然不会被打印出来，但感觉这部分区域是多余的，甚至担心在打印时会不会一起打印出来了，很浪费纸张。但是用户又无法直接删除这些多余的区域，真正删除它们是不可能的，可以用隐藏行和列使得多余的区域不显示出来。当然，在选取多余区域的时候，不能手工一行行地去选择，所以这里需要用到一系列 Excel 的组合键——Shift+Ctrl+方向键。

第 1 步：选取空白区域的第一行（文本区域的下一行）。

第 2 步：按 Shift+Ctrl+↓组合键，可以一直选到 1 048 576 行。

第 3 步：单击鼠标右键，在弹出的快捷菜单中选择“隐藏”命令，即可隐藏选中区域。

如果需要隐藏的是右边的空白区域，则首先选择空白区域的第 1 列（文本区域的下一列），然后按 Shift+Ctrl+→组合键，可以一直选到 16 384 列，最后再隐藏列。隐藏列的操作与隐藏行的操作同理。

当然了，还可以利用窗口的垂直滚动条和水平滚动条结合 Ctrl 键和 Shift 组合键进行操作。在名称框里定位也是个好办法。如在名称框中输入空白起始行号和终了行号，中间用冒号隔开，如 10:1048576，然后直接在键盘上按 Enter 键即可选中所有的空白行。同理，在名称框中输入空白区域的起始列号和终了列号，中间用冒号隔开并回车即可选择右边的所有空白列。注意，以上所用的冒号都是在英文状态下输入的。

3．合并单元格

Excel 合并单元格是工作中经常需要用到的，如果要多处进行合并是否需要进行多次操作呢？其实不必这么麻烦，多处合并可以进行批量操作，具体的操作方法如下。

在 Excel 2010 工作表中，可以将多个单元格合并后居中以作为工作表标题所在的单元格。用户可以在“开始”功能区和“设置单元格格式”对话框设置单元格合并，具体实现方法分别介绍如下。

（1）在 Excel 2010“开始”功能区合并后居中单元格的步骤如下。

第 1 步：打开 Excel 2010 工作表窗口，选中需要合并的单元格区域。

第 2 步：在“开始”功能区的“对齐方式”分组中，单击“合并后居中”下拉三角按钮。

第 3 步：在打开的下拉菜单中，选择“合并后居中”命令可以合并单元格的同时设置为居中对齐；选择“跨越合并”命令可以对多行单元格进行同行合并；选择“合并单元格”命令仅仅合并单元格，对齐方式为默认；选择“取消单元格合并”命令可以取消当前已合并的单元格，如图 2.26 所示。

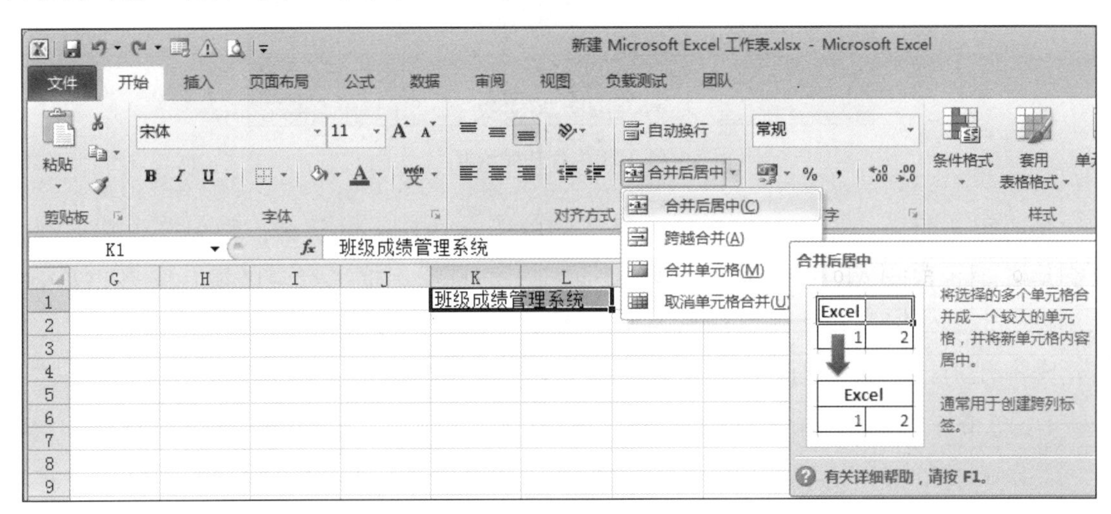

图 2.26　合并单元格后居中

（2）用户同样可以在 Excel 2010“设置单元格格式”对话框设置单元格合并，操作步骤如下所述。

第 1 步：打开 Excel 2010 工作表窗口，选中准备合并的单元格区域。

第 2 步：鼠标右键单击被选中的单元格区域，在打开的快捷菜单中选择“设置单元格格式”命令。

第 3 步：打开 Excel 2010“设置单元格格式”对话框，切换到“对齐”选项卡。选中“合并单元格”复选框，并在“水平对齐”下拉菜单中选中“居中”选项。完成设置单击“确定”按钮即可，如图 2.27 所示。

当选择的合并区域中不止一个非空单元格，则合并时会弹出提示对话框“选定区域包含多重数值。合并到一个单元格后只能保留最左上角的数据。”如图 2.28 所示。

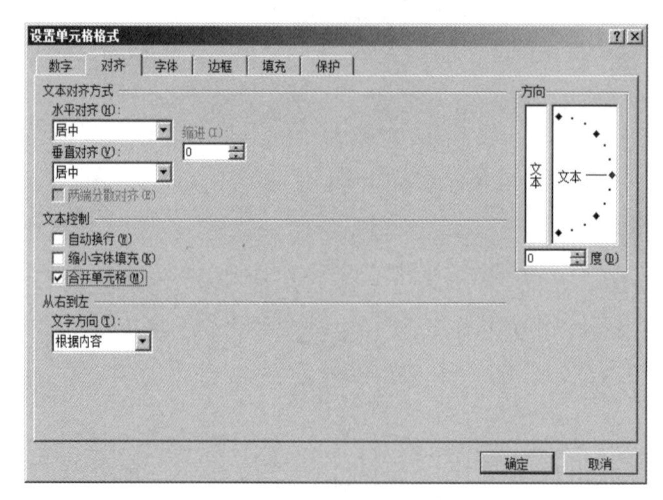

图 2.27 “对齐”选项卡

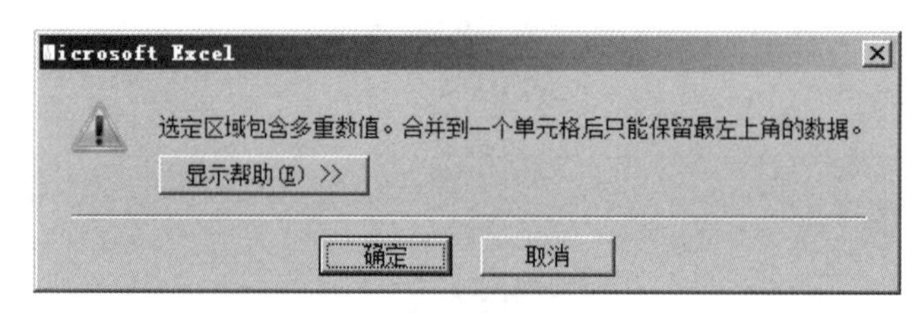

图 2.28 合并提示框

在按照上面任一方法操作后，如果还需继续合并其他单元格，则先选中需要合并的单元格。然后按 Alt+Enter 组合键，立即弹出消息提示框“选中区域包含多重数值，合并到一个单元格后只能保留最左上角的数据”。单击“确定”按钮，则选中的单元格就完成合并了。继续合并同理操作即可。

4. 网格线设置

工作表窗口默认情况下显示网格线，便于用户操作，但实际上这些网格线在打印时是无法打印的。网格线还可以设置成其他颜色或者是不显示出来。操作如下。

（1）单击“文件→选项”，弹出“Excel 选项”对话框，选中“高级”。

（2）找到“此工作表的显示选项”，在右侧的下拉列表中选择需要设置的工作表，然后取消勾选下方的“显示网格线”复选框，就可以关闭网格线的显示。

（3）若需要修改网格线颜色，则勾选复选框，并单击“网格线颜色”下拉按钮，选择颜色，单击“确定”按钮确认操作。

5. 添加背景图片

Excel 工作表默认状态下是没有背景颜色的，根据用户的喜好，工作背景可以设置成图片的形式。具体操作如下。

（1）打开 Excel 2010，单击“页面布局”功能区选项，然后在“页面设置”组中选择“背景”。

（2）弹出“工作表背景”对话框，从计算机中选择自己喜欢的图片，单击“插入”

按钮。

（3）返回 Excel 工作表，就可以发现 Excel 表格的背景变成了用户刚刚设置的图片。如果要取消，则单击“删除背景”按钮即可。

6. **表格边框设置**

工作表中的网格线只是方便用户操作表格，而表格只有经过用户设置边框处理以后才能显示出来，打印时才可见。

（1）在 Excel 2010“开始”功能区设置边框。

“开始”功能区“字体”分组的“边框”列表中，为用户提供了 13 种最常用的边框类型，用户可以在这个边框列表中找到合适的边框，操作步骤如下。

第 1 步：打开 Excel 2010 工作簿窗口，选中需要设置边框的单元格区域。

第 2 步：在“开始”功能区的“字体”分组中，单击“边框”下拉三角按钮。根据实际需要在边框列表中选中合适的边框类型即可，如图 2.29 所示。

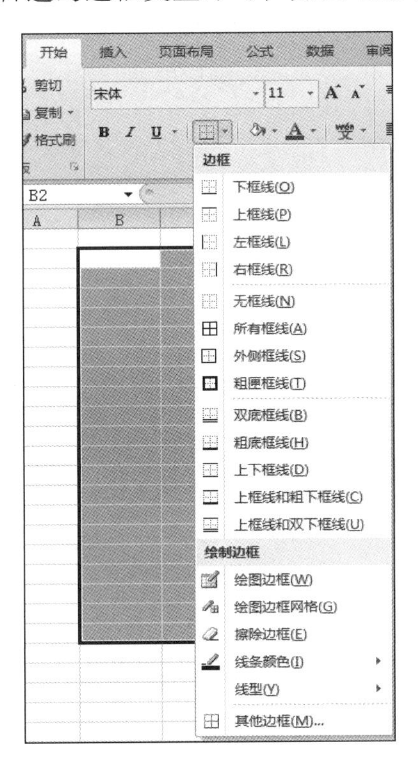

图 2.29　表格边框选项

（2）在 Excel 2010“设置单元格格式”对话框中设置边框。

如果用户需要更多的边框类型，例如需要使用斜线或虚线边框等，则可以在“设置单元格格式”对话框中进行设置，操作步骤如下。

第 1 步：打开 Excel 2010 工作簿窗口，选中需要设置边框的单元格区域。右键单击被选中的单元格区域，并在打开的快捷菜单中选择“设置单元格格式”命令。

第 2 步：在打开的“设置单元格格式”对话框中，切换到“边框”选项卡。在“线条”区域可以选择各种线形和边框颜色，在“边框”区域可以分别单击上边框、下边框、左边框、右边框和中间边框按钮设置或取消边框线，还可以单击斜线边框按钮选择使用斜线。另外，在“预置”区域提供了“无”“外边框”和“内边框”3 种快速设置边框按钮。完成设置后单击“确定”按钮即可，如图 2.30 所示。

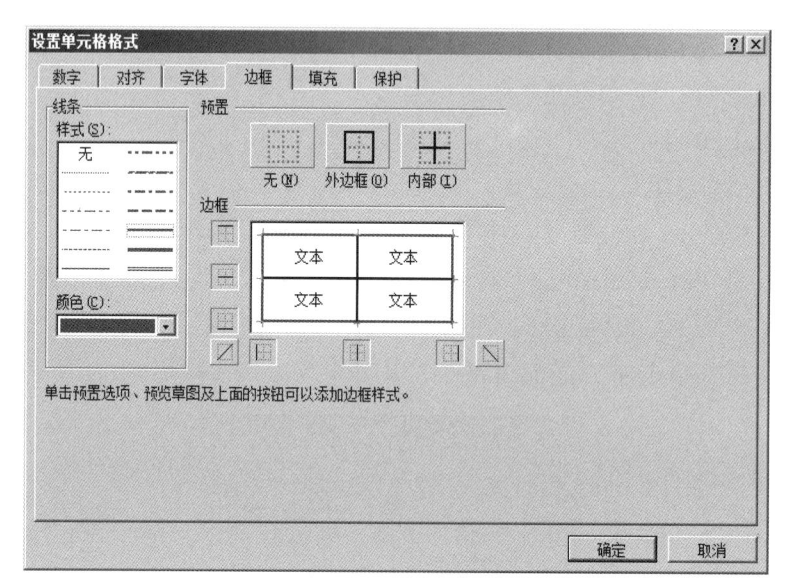

图 2.30　单元格格式中设置边框

7. 条件格式

使用 Excel 2010 条件格式可以直观地查看和分析数据、发现关键问题以及识别模式和趋势。Excel 2010 条件格式直观地解答了有关数据的特定问题。用户可以对单元格区域、Excel 2010 表格或数据透视表应用条件格式。如经常要对某些企业的某些数据进行比对分析，如果只看 Excel 2010 表格中的单元格或某几行，会经常出现错误，需要返工。

因为采用这种条件格式易于达到以下效果：突出显示用户所关注的 Excel 2010 单元格或单元格区域；强调异常值；使用数据条、颜色刻度和图标集来直观地显示数据。Excel 2010 条件格式基于条件更改单元格区域的外观。如果条件为 True，则基于该条件设置单元格区域的格式；如果条件为 False，则不基于该条件设置单元格区域的格式。如在统计学生成绩时，如何把成绩相同和不同的学生突出显示，也就是在 Excel 2010 中如何突出重复值和唯一值。在 Excel 2010 中，通过设置条件格式可以把成绩单中成绩相同的学生和单一成绩的学生显示出来，具体操作如下。

第 1 步：选择 Excel 2010 表格中需要设置条件格式的单元格区域。

第 2 步：在“开始”功能区选项卡中选择样式组，在样式中选择“条件格式”下拉箭头，在弹出的菜单中选择“突出显示单元格规则”选项，从中选择重复值项，如图 2.31 所示。弹出“重复值”对话框，如图 2.32 所示。

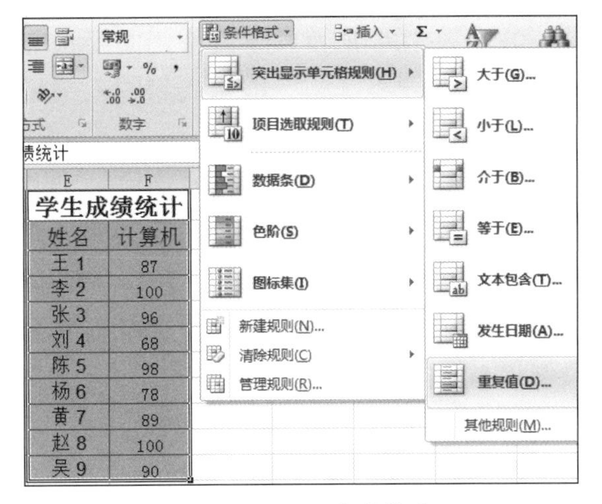

图 2.31　设置条件格式

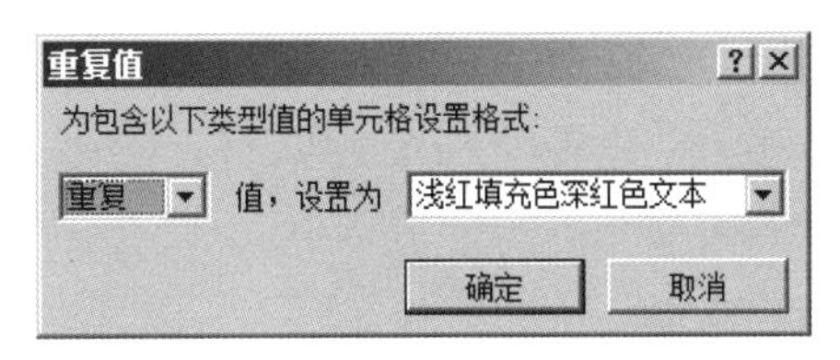

图 2.32　“重复值”对话框

第 3 步：在 Excel 2010 条件格式“重复值”对话框中，左侧栏中可以选择重复值或唯一值，在右侧选择颜色。确定之后，就可以看到在 Excel 2010 成绩表格中，按条件格式的设置，成绩相同的学生和单一成绩的学生就突出显示了。

当然，关于 Excel 2010 中还有很多格式设置限于篇幅未做介绍，需要用户根据自己的需要和碰到的实际问题进行设置。

操作技巧 2.3　轻松更改报表的布局方式，具体操作扫描二维码查看。

操作技巧 2.4　更改数据报表的值显示方式，具体操作扫描二维码查看。

操作技巧 2.3

操作技巧 2.4

2.4　图表制作与处理

Excel 提供了 14 种标准的图表类型，每一种都具有多种组合和变换。在众多的图表类型中，选用那一种图表更好呢？根据数据的不同和使用要求的不同，可以选择不同类型的图表。图表的选择主要同数据的形式有关，其次才考虑感觉效果和美观性。下面介绍一些常见的图表。

（1）面积图：显示一段时间内变动的幅值。当有几个部分正在变动，而用户对那些部分的总和感兴趣时，它特别有用。面积图使用户看见单独各部分的变动，同时也看到总体的变化。

（2）条形图：由一系列水平条组成。使得对于时间轴上的某一点，两个或多个项目的相对尺寸具有可比性。例如它可以比较每个季度、3 种产品中任意一种的销售数量。条形图中的每一条在工作表上是一个单独的数据点或数。因为它与柱形图的行和列刚好是调过来了，所以有时可以互换使用。

（3）柱形图：由一系列垂直条组成，通常用来比较一段时间中两个或多个项目的相对尺寸。例如：不同产品季度或年销售量对比、在几个项目中不同部门的经费分配情况、每年各类资料的数目等。柱形图是应用较广的图表类型，很多人用图表都是从它开始的。

（4）折线图：被用来显示一段时间内的趋势。例如：数据在一段时间内是呈增长趋势的，另一段时间内处于下降趋势，可以通过折线图，对将来做出预测。例如，速度-时间曲线、推力-耗油量曲线、升力系数-速度曲线、压力-温度曲线、疲劳强度-转数曲线、传输功率代价-传输距离曲线等，都可以利用折线图来表示，一般在工程上应用较多。若是其中一个数据有几种情况，折线图里就有几条不同的线，例如 5 名运动员在万米过程中的速度变化，就有 5 条折线，可以互相对比，也可以添加趋势线对速度进行预测。

（5）股价图：是具有 3 个数据序列的折线图，被用来显示一段给定时间内一种股标的最高价、最低价和收盘价。通过在最高、最低数据点之间画线形成垂直线条，而轴上的小刻度代表收盘价。股价图多用于金融、商贸等行业，可用来描述股价、商品价格、货币兑换率和温度、压力测量等。

（6）饼形图：在用于对比几个数据在其形成的总和中所占百分比值时最有用。整个饼代表总和，每一个数用一个楔形或薄片代表。例如，表示不同产品的销售量占总销售量的百分比，各单位的经费占总经费的比例、收集的藏书中每一类占多少等。饼形图虽然只能表达一个数据列的情况，但因为表达得清楚明了，又易学好用，所以在实际工作中用得比较多。如果想表达多个系列的数据时，可以用环形图。

（7）雷达图：显示数据如何按中心点或其他数据变动。每个类别的坐标值从中心点辐射，可以用雷达图绘制几个内部关联的序列。来源于同一序列的数据同线条相连。很容易地做出可视的对比。例如，有 3 台具有 5 个相同部件的机器，在雷达图上就可以绘制出每一台机器上每一部件的磨损量。

（8）XY 散点图：展示成对的数和它们所代表的趋势之间的关系。对于每一数对，一个数被绘制在 *X* 轴上，而另一个被绘制在 *Y* 轴上。过两点做轴垂线，相交处在图表上有一个标记。当大量的这种数对被绘制后，出现一个图形。散点图的重要作用是可以用来绘制函数曲线，从简单的三角函数、指数函数、对数函数到更复杂的混合型函数，都可以利用它快速准确地绘制出曲线，所以在教学、科学计算中会经常用到。

还有其他一些类型的图表，例如圆柱图、圆锥图、棱锥图，只是条形图和柱形图变化而来的，没有突出的特点，而且用得相对较少，这里就不再赘述。要说明的是：以上只是图表的一般应用情况，有时一组数据可以用多种图表来表现，那时就要根据具体情况加以选择。对有些图表，如果一个数据序列绘制成柱形，而另一个绘制成折线图或面积图，则该图表看上去会更好些。

1. 表的建立

图表是图形化的数据，它由点、线、面等图形与数据文件按特定的方式而组合而成。一般情况下。用户使用 Excel 工作簿内的数据制作图表，生成的图表也存放在工作簿中。图表是 Excel 的重要组成部分，具有直观形象、双向联动、二维坐标等特点。下面以统计某班学生成绩优秀、良好、中等、及格和不及格的比例为案例进行讲解，插图为饼图。

首先选择需要统计的数据区域，然后选择“插入”功能区选项卡，单击饼图按钮，在打开的下拉菜单中选择饼图样式，如三维饼图或三维离散饼图。

单击创建好的图表，在功能区右侧自动增加“图表工具”功能区，该功能区有设计标签、布局标签和格式标签。在这些标签里可以对图表的布局和样式进行选择，或者修改选择的数据等。通过 Excel 2010 的样式，可以简单地设计出漂亮的图表，如图 2.33 所示。

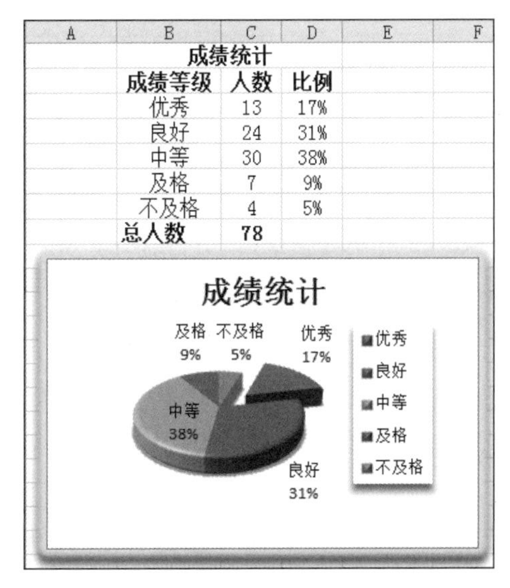

成绩统计

成绩等级	人数	比例
优秀	13	17%
良好	24	31%
中等	30	38%
及格	7	9%
不及格	4	5%
总人数	78	

图 2.33 插入饼图

2. 图表的修改

插入饼图的过程中，有时候需要设计出有一部分同其他部分分离的饼图，这种图的做法如下：单击这个圆饼，在饼的周围出现了一些句柄，再单击其中的某一色块，句柄聚焦到该色块的周围，这时用鼠标单击该色块不放并向外拖动，就可以把这个色块分离出来了；用同样的方法可以把其他各个部分分离出来。或者在插入标签中直接选择饼图下拉菜单，选择分离效果即可。

把它们合起来的方法如下：先单击图表的空白区域，取消对圆饼的选取，单击选中分离的一部分，按住鼠标左键向里拖动鼠标指针，就可以把这个圆饼合并到一起了。

数据和图表是起联动反映的，只要修改工作表中的数据，图表中的数字系列和扇形区域的大小都会跟随发生变动。

在 Excel 中插入饼图时有时会遇到这种情况，饼图中的一些数值具有较小的百分比，将其放到同一个饼图中难以看清这些数据，这时使用复合饼图就可以提高小百分比的可读性。复合饼图（或复合条饼图）可以从主饼图中提取部分数值，将其组合到旁边的另一个饼图（或堆积条形图）中，如图 2.34 所示。

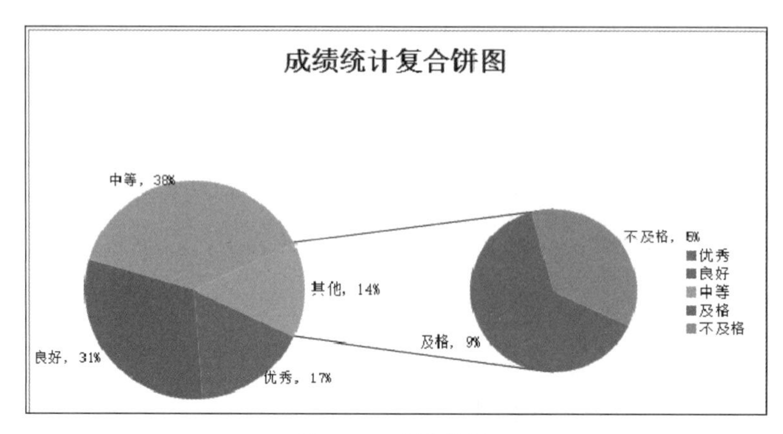

图 2.34 复合饼图

3. 趋势线的使用

趋势线用图形的方式显示数据的预测趋势并可用于预测分析，也称回归分析。利用回归分析，可以在图表中扩展趋势线，根据实际数据预测未来数据。

支持趋势线的图表类型：可以向非堆积型二维面积图、条形图、柱形图、折线图、股价图、气泡图和 XY 散点图的数据系列中添加趋势线；但不能向三维图表、堆积型图表、雷达图、饼图或圆环图的数据系列中添加趋势线。如果更改了图表或数据系列而使之不再支持相关的趋势线，例如将图表类型更改为三维图表或者更改了数据透视图或相关联的数据透视表，则原有的趋势线将丢失。

趋势线可以简单地理解成一个品牌在几个季度中市场占有率的变化曲线，用户使用它可以很直观地看出一个牌子的产品市场占有率的变化，还可以通过这个趋势线来预测下一步的市场变化情况。创建好图表后，选择布局标签，单击趋势线下拉菜单，菜单里提供了线性、指数、线性预测、双周期移动平均等趋势线及其他趋势线。选择一种趋势线后，图表中就会添加相应的趋势线。

在 Excel 中插入图表，通常使用柱形图和条形图来表示产品在一段时间内的生产和销售情况的变化或数量的比较。如果要体现的是一个整体中每一部分所占的比例时，通常使用“饼图”。此外比较常用的就是折线图和散点图了，折线图通常也是用来表示一段时间内某种数值的变化，常见的如股票的价格的折线图等。

散点图主要用在科学计算中。例如有了正弦或余弦曲线的数据，则用户可以使用这些数据来绘制出正弦或余弦曲线。首先选择数据区域，然后在插入标签中选择散点图按钮，就生成了一个函数曲线图；改变一下它的样式，一个漂亮的正余弦函数曲线就做出来了。

操作技巧 2.5

操作技巧 2.5　Excel 图表里两个 Y 轴显示数据，具体操作扫描二维码查看。

2.5 公式与函数

工作表是用来存放数据的，但存放并不是最终的目的。最终的目的是对数据进行查询、统计、计算、分析和处理，甚至根据数据分析结果绘制各种图形图表。因此公式和函数的应用就扮演着十分重要的角色。公式是对工作表中数据进行计算的表达式，函数是 Excel 预先定义好的用来执行某些计算、分析、统计功能的封装好的表达式，即用户只需按要求为函数指定参数，就能获得预期结果，而不必知道其内部是如何实现的。

利用公式可对同一工作表的各单元格，同一工作簿中不同工作表的单元格，甚至其他工作簿的工作表单元格的数值进行加、减、乘、除、乘方等各种运算。

1. 公式的使用

Excel 中最常用的公式是数学运算公式，此外它也提供一些比较运算、文字连接运算。公式的使用必须遵循规则，公式规则就是公式中元素的结构或者顺序，在 Excel 中的公式必须遵守的规则是：公式必须以等号“=”开头，等号后面是参与运算的元素（即运算数）和运算符。运算数可以是常量数值、单元格引用、标志名称或者是工作表函数。

（1）公式中的运算符

公式中使用的运算符包括：数学运算符、比较运算符、文字运算符和引用运算符，如表 2.3 所示。

表 2.3　Excel 公式中的运算符

类型	运算符	含义	示例
算术运算符	+	加	5+2.3
	-	减	9-3
	-	负数	-5
	*	乘	3*5
	/	除	8/6
	%	百分比	30%
	^	乘幂	5^2
比较运算符	=	等于	A1=B1
	>	大于	A1>B1
	<	小于	A1<B1
	>=	大于等于	A1>=B1
	<=	小于等于	A1<=B1
文本运算符	&	连接两个或多个字符串	"中国"&"China"得到"中国 China"

续表

类型	运算符	含义	示例
引用运算符	:（冒号）	区域运算符：对两个引用之间所有单元格进行引用	A1:C5
	,（逗号）	联合运算符：将多个引用合并为一个引用	SUM(A1:B15, C4:D10)
	空格	交叉运算符：产生同时属于两个引用单元格区域的引用	SUM(A1:B15 A4:D10)

文字运算符（&）用于连接字符串，也可以连接数字。连接字符串时，字符串两边必须加双引号（""），否则公式将返回错误值；连接数字时，数字两边的双引号可有可无。

比较运算符用于比较两个数字或字符串，产生逻辑值“TURE”或“FALSE”。当比较结果为“真”时，显示结果为“TURE”，否则显示为“FALSE”。比较运算符在对西文字符串进行比较时，采用内部 ASCII 码进行比较；对中文字符进行比较时，采用汉字内码进行比较；对日期时间型数据进行比较时，采用先后顺序（后者为大），如 2002 年 10 月 1 日“大于”1999 年 12 月 21 日。

（2）运算优先级

当多个运算符同时出现在公式中时，Excel 对运算符的优先级做了严格的规定，由高到低各个运算符的优先级为：引用运算符之冒号、逗号、空格、算术运算符之负号、百分比、乘幂、乘除同级、加减同级、文本运算符、比较运算符同级。同级运算时，优先级按照从左到右的顺序计算。

（3）输入公式

选择要输入公式的单元格，在工作表的编辑栏输入“=”符号，输入公式内容，如 A2*A2+B2，单击编辑栏的“√”按钮或按 Enter 键，也可以直接在单元格中输入公式。

2. 函数的使用

函数是 Excel 自带的内部预定义的公式。灵活运用函数不仅可以省去自己编写公式的麻烦，还可以解决许多通过自己编写公式尚无法实现的计算，并且在遵循函数语法的前提下，大大减少了公式编写错误的情况。

Excel 提供的函数涵盖的范围较为广泛，包括：数据库工作表函数、日期与时间函数、数学与三角函数、统计函数、查找与引用函数、工程函数、文本函数、逻辑函数、信息函数、财务函数等。每种类型又包括若干个函数，这里不解释每个函数的功能和作用，用户在使用具体函数时 Excel 都会给出对话框和相应的函数用法文字解释。

函数的语法形式为“函数名称（参数 1, 参数 2, …）”。其中函数的参数可以是数字常量、文本、逻辑值、数组、单元格引用、常量公式、区域、区域名称或其他函数等。如果函数是以公式的形式出现，应当在函数名称前面键入等号。

（1）输入函数

第 1 种方法：选中要输入函数的单元格，单击“编辑栏”中的“f_x”按钮，打开“插入函数”对话框，如图 2.35 所示。在“选择类别”列表框中选择函数类型，在“函数名”列表框中选择函数名称，单击“确定”按钮，又会出现输入函数参数对话框，输入参数并确定即可。

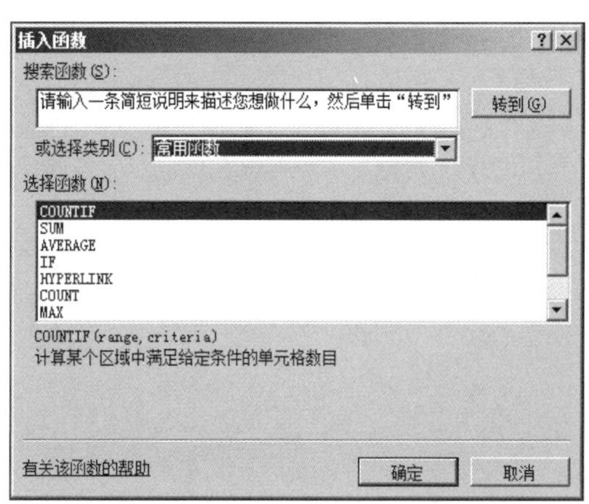

图 2.35 “插入函数”对话框

第 2 种方法：选中要输入函数的单元格，单击“公式”功能区中的插入函数按钮，同样可以打开“插入函数”对话框，选择一种自己需要的函数即可。当然，在“公式”功能区的函数库分组中罗列了很多常用的函数组，如财务、逻辑、文本、日期和时间、查找与引用、数学和三角函数及其他函数。

如果要对已输入的函数进行修改，可在编辑栏中直接修改。若要更换函数，应先删去原有函数再重新输入，否则会将原来的函数嵌套在新的函数中。

（2）自动求和与自动计算

Excel 提供了一种自动求和功能，可以很方便地实现 SUM 函数的功能。

选择要放置自动求和结果的单元格，习惯上将对行求和的结果放在行的右边，对列求和的结果放在列的下边。在“开始”功能区的编辑分组中选择“自动求和”按钮或单击自动求和按钮右下角的小三角形，在下拉菜单里选择“求和”命令。Excel 会按照默认状态选择一行或一列作为求和区域，如需调整，可用鼠标拖动来选择求和区域。单击编辑栏的“√”按钮或按 Enter 键确认。

Excel 还提供了其他自动计算的功能，利用它可以自动计算所选区域的总和、均值、最大值、最小值、计数和计数值，其默认的计算内容为求总和。在“状态栏”的任意位置鼠标右键单击，可显示自定义状态栏的快捷菜单，单击要自动计算的项目，当选择了单元格区域时，该单元格区域的统计计算结果将在状态栏自动显示出来，如图 2.36 所示。

自动求和的结果会显示在工作表当中，自动计算的结果只在状态栏中显示而不在工作表中显示。

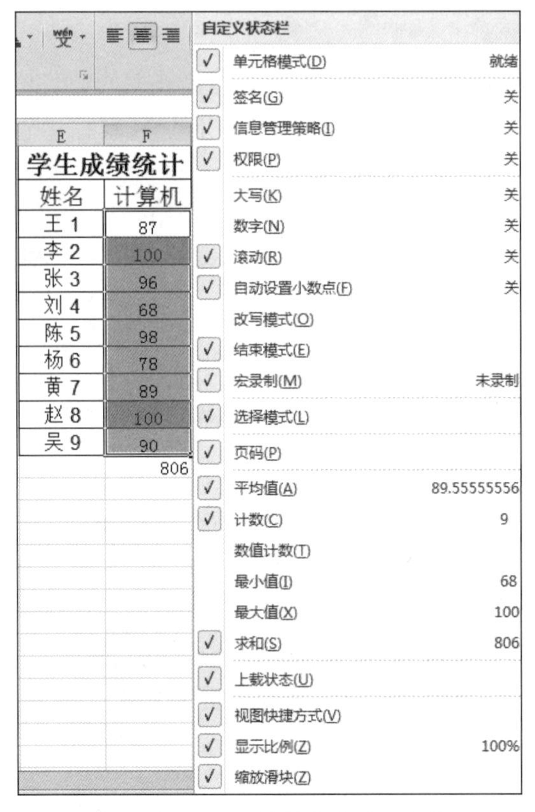

图 2.36　自动计算快捷菜单及计算

3. 公式的复制与移动

在 Excel 中会经常遇到公式的使用，如果所有公式都逐一输入是件很麻烦的工作，而且容易出错。Excel 2010 提供了公式的复制和移动功能，可以很方便地实现快速输入大量公式。公式的复制与移动和前面数据的复制与移动非常类似。

（1）复制公式

使用“常用”工具栏中的“复制”（或 Ctrl+C 组合键）、“粘贴”（或 Ctrl+V 组合键）按钮复制公式。使用“填充柄”可以快速地将一个公式复制到多个单元格中。

（2）移动公式

使用“常用”工具栏中的“剪切”（或 Ctrl+X 组合键）、“粘贴”（或 Ctrl+V 组合键）按钮移动公式。

按住 Shift 键并拖动某个包含公式的单元格，也可以快速地将一个公式移动并插入到目标单元格中。这时目标单元格下（右）面的单元格要向下（右）移动。

4. 单元格的引用

单元格引用是指在公式或函数中引用了单元格的“地址”，其目的在于指明所使用的数据的存放位置。通过单元格引用地址可以在公式和函数中使用工作簿中不同部分的数据，或者在多个公式中使用同一个单元格的数据。单元格引用分为相对引用、绝对引用、混合引用。

（1）相对引用

所谓“相对引用”是指在公式复制时，该地址相对于目标单元格在不断发生变化，这种类型的地址由列号和行号表示。例如，单元格 E2 中的公式为“=SUM（B2:D2）”，当该公式被复制到 E3、E4、E5 单元格时，公式中的“引用地址（B2:D2）”会随着目标单元格的变化自动变化为（B3:D3）、（B4:D4）、（B5:D5），目标单元格中的公式会相应变化为“=SUM（B3:D3）”“=SUM（B4:D4）”“=SUM（B5:D5）”。这是由于目标单元格的位置相对于源位置分别下移了 1 行、2 行和 3 行，导致参加运算的区域分别做了下移 1 行、2 行和 3 行的调整。

（2）绝对引用

所谓“绝对引用”是指在公式复制时，该地址不随目标单元格的变化而变化。绝对引用地址的表示方法是在引用地址的列号和行号前分别加上一个“$”符号。例如$B$6、$C$6、（$B$1:$B$9）。这里的“$”符号就像是一把“锁”，锁定了引用地址，使它们在移动或复制时，不随目标单元格的变化而变化。例如在银行系统计算各个储户的累计利息时，银行利率所在的单元格应当被锁定；在统计学生某一门课的总成绩时，平时作业成绩、上机成绩、期中考试成绩和期末考试成绩所占的权重系数应当被锁定等。

（3）混合引用

所谓“混合引用”是指在引用单元格地址时，一部分为相对引用地址，另一部分为绝对引用地址，例如$A1 或 A$1。如果“$”符号放在列号前，如$A1，则表示列的位置是“绝对不变”的，而行的位置将随目标单元格的变化而变化。反之，如果“$”符号放在行号前，如 A$1，则表示行的位置是“绝对不变”的，而列的位置将随目标单元格的变化而变化。

在使用过程中经常会遇到需要修改引用类型的问题，如要将相对引用改为绝对引用或要将绝对引用改为混合引用等。Excel 提供了 3 种引用之间快速转换的方法：单击选中引用单元格的部分，反复按 F4 键进行引用间的转换。转换的顺序为由“A1”到“$A$1”、由“$A$1”到“A$1”、由“A$1”到“$A1”以及由“$A1”再到“A1”。

（4）外部引用（链接）

同一工作表中的单元格之间的引用被称为“内部引用”。

在 Excel 中还可以引用同一工作簿中不同工作表中的单元格，也可以引用不同工作簿中的工作表的单元格，这种引用称之为“外部引用”，也称之为“链接”。

引用同一工作簿内不同工作表中的单元格格式为“=工作表名!单元格地址”。例如“=Sheet2!A1+Sheet1!A4”表示将 Sheet2 中的 A1 单元格的数据与 Sheet1 中的 A4 单元格的数据相加，放入某个目标单元格。引用不同工作簿工作表中的单元格格式为“=[工作簿名]工作表名!单元格地址”。例如“=[Book1]Sheet1! $A$1-[Book2]Sheet2! B1”表示将 Book1 工作簿的工作表中的 A1 单元格的数据与 Book2 工作簿的工作表中的 B1 单元格的数据相减，放入目标单元格，前者为绝对引用，后者为相对引用。

在一个工作表中往往包含许多公式，如何才能做到同时查看工作表中的所有公式呢？一个简单的操作方法就是使用 Ctrl+ ` 组合键（重音键 ` 与～在同一键上，在数字键 1 的左边），它可以显示工作表中的所有公式。这样做的好处在于可以很方便地检查单元格引用以及公式输入是否正确。再一次按 Ctrl + ` 组合键将恢复到原显示状态。

（5）区域命名

在引用一个单元格区域时常用它的左上角和右下角的单元格地址来命名，如"B2:D2"。这种命名方法虽然简单，却无法体现该区域的具体含义，不易读懂。为了提高工作效率，便于阅读理解和快速查找，Excel 2010 允许对单元格区域进行文字性命名。

可以利用"公式"功能区中的"定义的名称"分组为单元格区域命名。首先选择要命名的区域，然后在定义的名称"分组中选择"定义名称"选项，将弹出"新建名称"对话框，该对话框也是"名称管理器"的对话框。或根据所选内容创建区域名称。

另一种方便快速的命名方式是使用名称框，操作方法为：选择要命名的区域；单击名称框，直接输入名称；按 Enter 键完成输入。

对区域命名后，可以在公式中应用名称，这样可以大大增强公式的可读性。

5. 常见函数的使用

Excel 提供了大量的内置函数，如 SUM 求和函数、最大值、最小值、平均值、计数等函数。在"插入函数"对话框中选择任何一种函数，对话框的下方区域就针对该函数做出了使用说明及示例。

6. 公式中的常见出错信息与处理

在使用公式进行计算时，经常会遇到单元格中出现类似"#NAME""#VALUE"等的信息，这些都是使用公式时出现了错误而返回的错误信息值。

表 2.4 列出了部分常见的错误信息、产生的原因以及处理办法。使用过程中如果遇到错误信息时，可以查阅本表以查找出错原因和解决办法。

表 2.4 常见错误信息、产生原因及处理办法

错误提示	产生的原因	处理办法
######	公式计算的结果太长，单元格容纳不下；或者单元格的日期时间公式计算结果为负值	增加单元格的宽度； 确认日期时间的格式是否正确
#DIV/0	除数为零或除数使用了空单元格	将除数改为非零值； 修改单元格引用
#VALUE	使用了错误的参数或运算对象类型	确认参数或运算符正确以及引用的单元格中包含有效数据
#NAME	删除了公式中使用的名称或使用了不存在的名称，以及名称拼写错误	确认使用的名称确实存在； 检查名称拼写是否正确
#N/A	公式中无可用的数值或缺少函数参数	确认函数中的参数正确，并在正确位置
#REF	删除了由其他公式引用的单元格或将移动单元格粘贴到由其他公式引用的单元格中，造成单元格引用无效	检查函数中引用的单元格是否存在； 检查单元格引用是否正确

续表

错误提示	产生的原因	处理办法
#NUM	在需要数字参数的函数中使用了不能接受的参数；或公式计算结果的数字太大或太小，Excel无法表示	确认函数中使用的参数类型是否正确；为工作表函数使用不同的初始值
#NULL	使用了不正确的区域运算符或不正确的单元格引用	检查区域引用是否正确；检查单元格引用是否正确

操作技巧 2.6　轻松插入和编写数学公式，具体操作扫描二维码查看。

操作技巧 2.7　轻松审核工作表中的复杂公式，具体操作扫描二维码查看。

操作技巧 2.6

操作技巧 2.7

2.6　管理数据列表

Excel 2010 的数据清单相当于一个表格形式的数据库，而且还具有类似数据库管理的一些功能。在工作表中可以建立一个数据清单，也可以将工作表中的一批相关数据作为一个数据清单来处理。Excel 2010 可对数据清单中的数据进行排序、筛选、分类汇总等各种数据管理和统计的操作。

1. 创建数据清单

数据清单是工作表中所包含的若干个数据行，每一行数据被称为一条记录，每一列被称为一个字段，每一列的标题则称为该字段的字段名。

工作表中的数据清单与其他数据间至少留出一个空白列和一个空白行。而数据清单中应避免空白行和空白列，单元格最好不要以空格开头。在数据清单的第一行应有列标题。数据清单中的每一列必须是同类型的数据。

（1）数据清单的大小和位置

在规定数据清单大小及定义数据清单位置时，应遵循以下规则。

① 应避免在一个工作表上建立多个数据清单。因为数据清单的某些处理功能（如筛选等）一次只能在同一个工作表的一个数据清单中使用。

② 在工作表的数据清单与其他数据间至少留出一个空白列和空白行。在执行排序、筛选或插入自动汇总等操作时，有利于 Excel 2010 检测和选定数据单。

③ 避免在数据清单中放置空白行、列。

④ 避免将关键字数据放到数据清单的左右两侧，因为这些数据在筛选数据清单时可能被隐藏。

（2）列标志

在工作表上创建数据清单，使用列标志应注意以下事项。

① 在数据清单的第一行里创建列标志，Excel 2010 将使用这些列标志创建报告，并查找和组织数据。

② 列标志使用的字体，对齐方式、格式、图案、边框和大小样式，应当与数据清单中的其他数据的格式相区别。

③ 如果将列标志和其他数据分开，应使用单元格边框（而不是空格和短划线）在标志行下插入一行直线。

（3）行和列内容

在工作表上创建数据清单，输入行和列的内容时应该注意：在设计数据清单时，应使用同一列中的各行有近似的数据项。

2. 数据清单的编辑

用户可以直接对数据清单中的记录进行编辑，一般用于记录较少的情况。

有时工作表中的数据清单可能包含多达上万条记录，如果要对其中某一条记录进行编辑，直接在数据清单中进行编辑，非常麻烦。这时可使用“记录单”对话框（见图 2.37）方便地实现对记录的查找、修改、添加及删除等操作。

选择“快速访问工具栏”中的“记录单”命令按钮（如果没有该命令，请从文件菜单中的“选项”设置里找到“记录单”命令添加到自定义快速访问工具栏中），弹出“记录单”对话框。在对话框的顶部显示当前工作表的名称；在对话框的左侧显示数据清单中各字段名称及其所对应的内容；在对话框的右上角显示的分式中分母为总记录数，分子表示当前显示的记录为第几条记录。

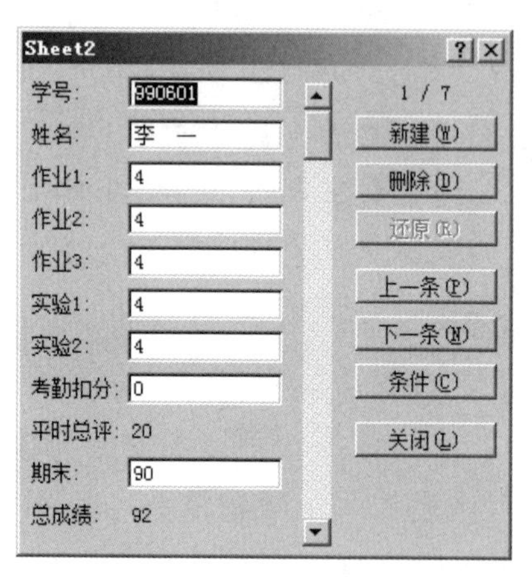

图 2.37 “记录单”对话框

用记录单编辑数据清单中的记录，操作如下。

① 添加一条记录。单击对话框中的“新建”按钮，可在数据清单尾部追加一条空记录，在对应项中输入数据可添加一条记录。重复同样的操作，可连续追加多条记录，最后单击“关闭”按钮。

② 删除一条记录。在对话中单击“上一条”或“下一条”按钮，选择要删除的记

录，单击“删除”按钮，即可删除指定的记录。

③ 查找或修改记录。在对话框中单击“条件”按钮，在设定查询条件的字段名右侧的文本框中输入查找条件，单击“上一条”或“下一条”按钮。此时记录单对话框中仅显示满足查询条件的记录，并显示该记录在数据清单中的位置。同时，可对指定记录的内容进行修改。

3. 数据排序

排序是数据管理中的一项重要工作。对数据清单中的数据针对不同的字段进行排序，可以满足不同数据分析的要求。排序的方法有很多，产生的结果不外乎升序排列或者降序排列。这里仅介绍以下两种排序方法。

（1）简单数据排序

如果要快速对数据清单中的某一列数据进行排序，首先鼠标左键单击指定列中任意一个单元格，然后单击“开始”功能区“编辑”分组中的“排序和筛选”按钮，在弹出的下拉菜单中选择升序或降序排列。此时会弹出一个“排序提醒”对话框供用户选择排序依据，一是扩展选定区域，二是以当前选定区域排序，默认情况下选择第一个。

（2）复杂数据排序

如果需要对多个关键字进行排序，首先要确定主关键字、次关键字以及第 3 关键字（在 Excel 2010 中，排序条件最多可以支持 64 个关键字），具体操作步骤如下。

首先单击数据清单中的任意一个单元格，单击“开始”功能区“编辑”分组中的“排序和筛选”下拉菜单中的“自定义排序”命令，弹出图 2.38 所示的“排序”对话框，同时系统自动选中整个数据清单。在“排序”对话框中可以添加或删除排序条件，在下拉式菜单中分别选择各次要关键字所对应的字段名，然后分别指定排序依据方式及次序。为了避免数据清单标题参加排序，可选择对话框顶部的“数据包含标题”复选框，单击“确定”按钮，完成数据清单的排序。

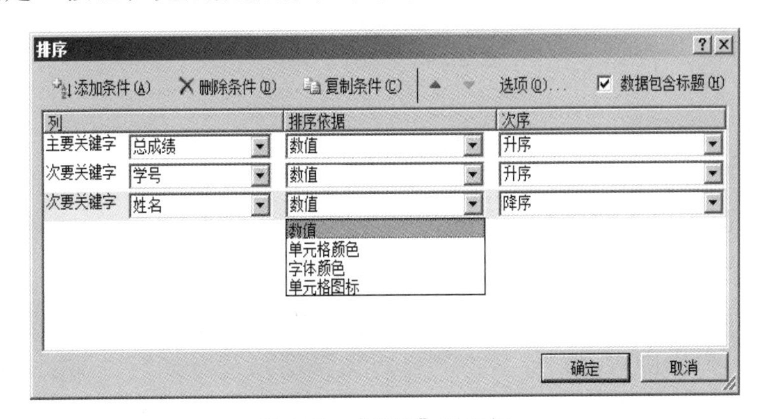

图 2.38 “排序”对话框

排序依据主要有数值、单元格颜色、字体颜色和单元格图标。

4. 数据的筛选

对数据清单中的数据进行筛选，是指只显示数据清单中那些符合筛选条件的记录，而将那些不满足筛选条件的记录暂时隐藏起来，事实上这是数据查询的一种形式。

（1）自动筛选指定的记录

单击数据清单中的任意单元格，单击“开始”功能区“编辑”分组中的“排序和筛选”下拉菜单中的“筛选”命令。则在选中的列表标题文字旁增加了一个向下的筛选箭头，在下拉列表框（见图 2.39）中进行相应的筛选条件选择，此时数据清单中就只显示被筛选出的符合条件的结果。

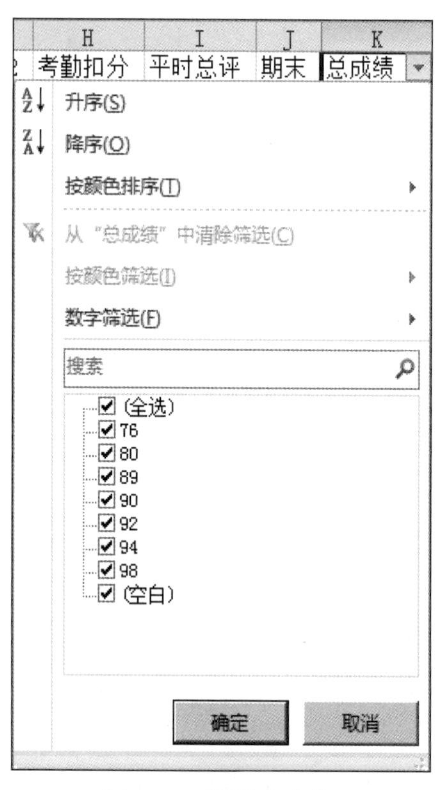

图 2.39 “筛选”条件

（2）自定义自动筛选

可以通过“数字筛选”中的“自定义筛选”功能筛选出仅满足其中一个条件或同时满足多个条件的记录。要筛选出满足“总成绩>80 且<90”的所有的记录，可按以下步骤进行操作：单击数据清单中任意一个单元格；选择“数据”菜单下“筛选”级联菜单中的“自动筛选”命令。单击“总成绩”字段右侧的下拉箭头，从下拉框中选择“自定义”命令，弹出图 2.40 所示的“自定义自动筛选方式”对话框。在对话框第 1 行左侧的下拉列表文本框中选择“大于”，在右侧的文本框中输入“80”；再选择“与”单选按钮，在对话框第 2 行左侧的下拉文本框中选择“小于”，在其右侧的文本框中输入“90”，单击“确定”按钮，即可得到所需筛选的结果。

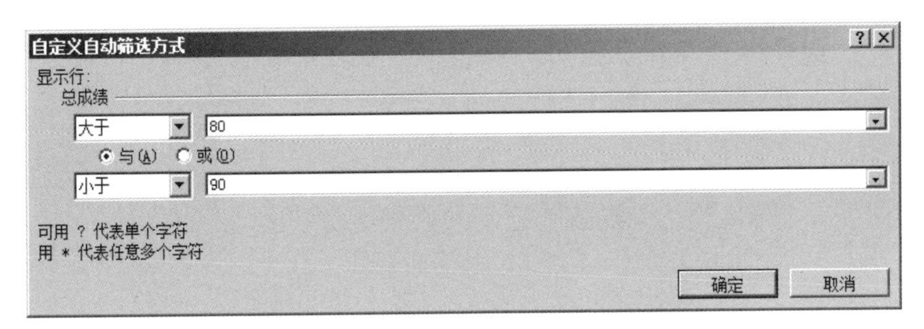

图 2.40 “自定义自动筛选方式”对话框

如果筛选条件更复杂一些，如：“总成绩>=80”且“平时成绩<90”，同时“期末成绩>=85”的记录，则按上述操作方法，分别在“总成绩”列自定义筛选条件为“大于或等于 80”，在“平时成绩”列自定义筛选条件为“小于 90”，在“期末成绩”列自定义筛选条件为“大于或等于 85”，单击“确定”按钮即可。

（3）高级筛选

自动筛选的功能非常有限，一次只能对一个字段设置筛选条件，如果要同时对多个字段设置筛选条件，可用高级筛选来实现。高级筛选有别于自动筛选，需要建立条件区域。具体操作步骤如下。

① 建立条件区域。将数据清单中要建立筛选条件的列的标题复制到工作表中的某个位置，并在标题下至少留出一行的空单元格用于输入筛选条件。

② 在新的标题行下方输入筛选条件，在“性别”下面的单元格内输入“女”，在“平均分”下面的单元格内输入“>=80”。

③ 单击数据区域中的任意一个单元格，选择“数据”功能区中“排序和筛选”分组中的“高级”命令按钮，打开“高级筛选”对话框（见图 2.41）。“高级筛选”对话框中的数据区域已经自动选择好，单击条件区域右侧的“折叠”按钮。选择条件区域，包括标题行与下方的条件。单击“确定”按钮。如果要将筛选的结果放到指定的位置，选中“将筛选结果复制到其他位置”单选项，单击复制到右侧的“折叠”按钮，选择存放结果的位置，再单击“展开”按钮，最后单击“确定”按钮即可。

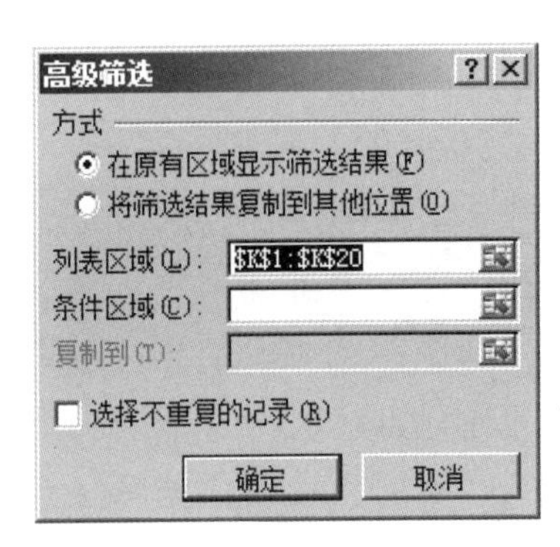

图 2.41 “高级筛选”对话框

5. 合并计算

利用 Excel 2010 中提供的合并计算功能可以实现对两个以上工作表格中的指定数据一一对应地进行求和、求平均值等计算。操作步骤如下。

选择合并后目标数据所存放的位置；选择“数据”功能区中“数据工具”分组中的“合并计算”命令按钮，弹出“合并计算”对话框，如图 2.42 所示；选择函数下拉列表框中相应函数（“求和”），在“引用位置”文本框内依次输入或选中每个数据清单的引用区域；分别单击“添加”按钮；将引用区域地址分别添加到“所有引用位置”文本框中；根据需要可选中“标志位置”的“首行”及“最左列”复选框；单击“确定”按钮，完成合并计算功能。

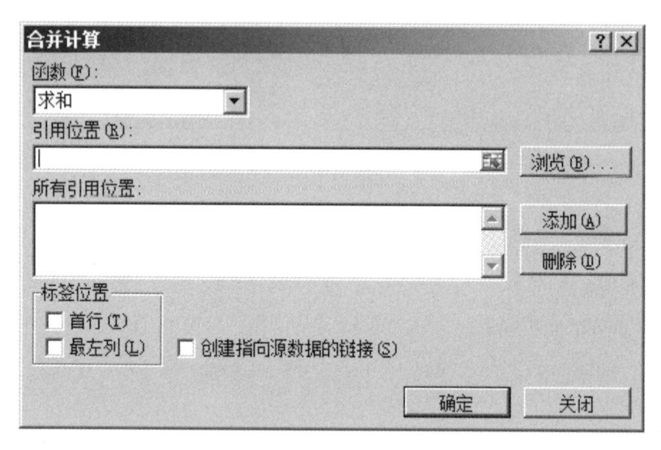

图 2.42 “合并计算”对话框

6. 分类汇总

分类汇总是 Excel 中最常用的功能之一，它能够快速地以某一个字段为分类项，对数据列表中的数值字段进行各种统计计算，如求和、计数、平均值、最大值、最小值、乘积等。

图 2.43 所示为一个部门工资统计表，希望可以得出数据表中每个部门的员工实发工资之和。

根据图中提供的数据，用分类汇总操作的具体方法如下。

首先单击部门单元格，单击数据功能区中的升序按钮，把数据表按照“部门”进行排序；然后在数据标签中，单击分类汇总按钮，在这里的分类字段的下拉列表框中选择分类字段为“部门”，选择汇总方式为“求和”，汇总项选择一个“实发工资”；单击“确定”按钮，如图 2.44 所示。

	A	B	C	D	E	F	G
1	工资统计表						
2	部门	姓名	基本工资	奖金	住房公积金	保险费	实发工资
3	办公室	赵一	¥800.00	¥600.00	¥ 250.00	¥50.00	¥ 1,100.00
4	后勤处	钱二	¥685.00	¥700.00	¥ 180.00	¥68.00	¥ 1,137.00
5	统计处	孙三	¥800.00	¥600.00	¥ 250.00	¥50.00	¥ 1,100.00
6	人事处	李四	¥613.00	¥700.00	¥ 180.00	¥68.00	¥ 1,065.00
7	财务处	周五	¥800.00	¥600.00	¥ 250.00	¥50.00	¥ 1,100.00
8	后勤处	吴六	¥685.00	¥700.00	¥ 180.00	¥68.00	¥ 1,137.00
9	统计处	郑七	¥800.00	¥600.00	¥ 250.00	¥50.00	¥ 1,100.00
10	统计处	刘八	¥613.00	¥700.00	¥ 180.00	¥68.00	¥ 1,065.00
11	人事处	冯九	¥800.00	¥600.00	¥ 250.00	¥50.00	¥ 1,100.00
12	财务处	陈十	¥685.00	¥700.00	¥ 180.00	¥68.00	¥ 1,137.00
13	办公室	褚耳	¥800.00	¥600.00	¥ 250.00	¥50.00	¥ 1,100.00
14	后勤处	毛毛	¥613.00	¥700.00	¥ 180.00	¥68.00	¥ 1,065.00
15	统计处	咪咪	¥685.00	¥600.00	¥ 250.00	¥50.00	¥ 985.00
16	办公室	丫丫	¥800.00	¥700.00	¥ 180.00	¥68.00	¥ 1,252.00

图 2.43 部门工资表

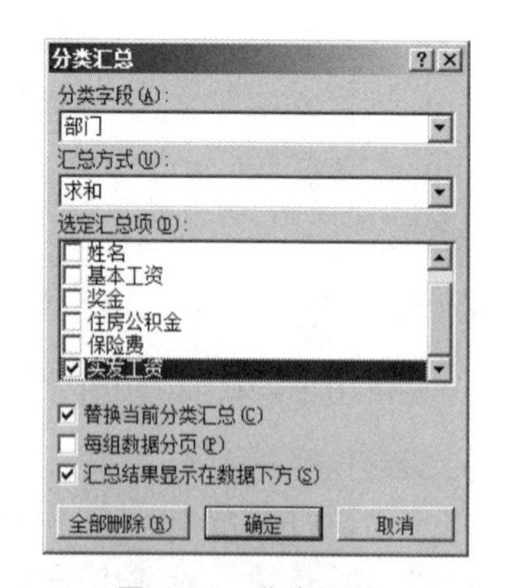

图 2.44 分类汇总

确定后，就可以看到已经计算好各部门实发工资之和了，如图 2.45 所示。

	A	B	C	D	E	F	G
1	工资统计表						
2	部门	姓名	基本工资	奖金	住房公积金	保险费	实发工资
3	办公室	赵一	¥800.00	¥600.00	¥250.00	¥50.00	¥ 1,100.00
4	办公室	褚耳	¥800.00	¥600.00	¥250.00	¥50.00	¥ 1,100.00
5	办公室	丫丫	¥800.00	¥700.00	¥180.00	¥68.00	¥ 1,252.00
6	办公室 汇总						¥ 3,452.00
7	财务处	周五	¥800.00	¥600.00	¥250.00	¥50.00	¥ 1,100.00
8	财务处	陈十	¥685.00	¥700.00	¥180.00	¥68.00	¥ 1,137.00
9	财务处 汇总						¥ 2,237.00
10	后勤处	钱二	¥685.00	¥700.00	¥180.00	¥68.00	¥ 1,137.00
11	后勤处	吴六	¥685.00	¥700.00	¥180.00	¥68.00	¥ 1,137.00
12	后勤处	毛毛	¥613.00	¥700.00	¥180.00	¥68.00	¥ 1,065.00
13	后勤处 汇总						¥ 3,339.00
14	人事处	李四	¥613.00	¥700.00	¥180.00	¥68.00	¥ 1,065.00
15	人事处	冯九	¥800.00	¥600.00	¥250.00	¥50.00	¥ 1,100.00
16	人事处 汇总						¥ 2,165.00
17	统计处	孙三	¥800.00	¥600.00	¥250.00	¥50.00	¥ 1,100.00
18	统计处	郑七	¥800.00	¥600.00	¥250.00	¥50.00	¥ 1,100.00
19	统计处	刘八	¥613.00	¥700.00	¥180.00	¥68.00	¥ 1,065.00
20	统计处	咪咪	¥685.00	¥600.00	¥250.00	¥50.00	¥ 985.00
21	统计处 汇总						¥ 4,250.00
22	总计						¥15,443.00

图 2.45 汇总结果

在分类汇总中数据是分级显示的，现在工作表的左上角出现了一个区域 1 2 3，单击其中的数字标签 1，在表中就只显示总计项；如果单击数字标签 2，出现的就只有汇总的部分内容，这样便于用户清楚地查看各部门的汇总情况；单击数字标签 3，可以显示所有的内容。

最后，复制汇总结果。当使用分类汇总后，往往希望将汇总结果复制到一个新的数据表中。但是如果直接进行复制的话，无法只复制汇总结果，而是复制了所有数据。此时需要使用 Alt+; 组合键选取当前屏幕中显示的内容，然后在进行复制粘贴。

操作技巧 2.8 使用数据透视表对数据进行立体化分析，具体操作扫描二维码查看。

操作技巧 2.9 将数据分析结果分页显示，具体操作扫描二维码查看。

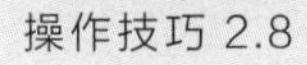

操作技巧 2.8

操作技巧 2.9

操作技巧 2.10

操作技巧 2.10 数据分析透视图，具体操作扫描二维码查看。

2.7 Excel 2010 案例

【案例 1】成绩单的整理和分析

小蒋在教务处负责学生的成绩管理，他将初一年级 3 个班的成绩均录入在名为“Excel 素材.xlsx”的 Excel 工作簿文档中。根据下列要求帮助小蒋老师对该成绩单进行整理和分析。

（1）在文件夹下，将“Excel 素材.xlsx”文件另存为“Excel.xlsx”（“.xlsx”为扩展名），后续操作均基于此文件。

（2）对工作表“第一学期期末成绩”中的数据列表进行格式化操作：将第一列“学号”列设为文本，将所有成绩列设为保留两位小数的数值；适当加大行高列宽，改变字体、字号，设置对齐方式，增加适当的边框和底纹以使工作表更加美观。

（3）利用“条件格式”功能进行下列设置：将语文、数学、英语 3 科中不低于 110 分的成绩所在的单元格以一种颜色填充，其他 4 科中高于 95 分的成绩以另一种字体颜色标出，所用颜色深浅以不遮挡数据为宜。

（4）利用 Sum 和 Average 函数计算每一个学生的总分及平均成绩。

（5）学号第 3、4 位代表学生所在的班级，例如：“120105”代表 12 级 1 班 5 号。通过公式提取每个学生所在的班级并按表 2.5 中的对应关系填写在“班级”列中。

表 2.5　　样式

“学号”的 3、4 位	对应班级
01	1 班
02	2 班
03	3 班

（6）复制工作表“第一学期期末成绩”，将副本放置到原表之后；改变该副本表标签的颜色，并重新命名，新表名需包含“分类汇总”字样。

（7）通过分类汇总功能求出每个班各科的平均成绩，并将每组结果分页显示。

（8）以分类汇总结果为基础，创建一个簇状柱形图，对每个班各科平均成绩进行比较，并将该图表放置在一个名为“柱状分析图”新工作表的 A1:M30 单元格区域内。

具体操作请参照二维码视频讲解。

【案例 2】销售数据的统计和分析

小李今年毕业后，在一家计算机图书销售公司担任市场部助理，主要的工作职责是为部门经理提供销售信息的分析和汇总。根据下列要求完成销售数据的统计和分析工作。

（1）在文件夹下，将“Excel 素材.xlsx”文件另存为“Excel.xlsx”（“.xlsx”为扩展名），后续操作均基于此文件。

（2）对“订单明细表”工作表进行格式调整，通过套用表格格式的方法将所有的销售记录调整为一致的外观格式，并将“单价”列和“小计”列所包含的单元格调整为“会计专用”（人民币）数字格式。

（3）根据图书编号，请在“订单明细表”工作表的“图书名称”列中，使用 VLOOKUP 函数完成图书名称的自动填充。“图书名称”和“图书编号”的对应关系在“编号对照”

工作表中。

（4）根据图书编号，请在“订单明细表”工作表的“单价”列中，使用 VLOOKUP 函数完成图书单价的自动填充。“单价”和“图书编号”的对应关系在“编号对照”工作表中。

（5）在“订单明细表”工作表的“小计”列中，计算每笔订单的销售额。

（6）根据“订单明细表”工作表中的销售数据，统计所有订单的总销售金额，并将其填写在“统计报告”工作表的 B3 单元格中。

（7）根据“订单明细表”工作表中的销售数据，统计《MS Office 高级应用》图书在 2017 年的总销售额，并将其填写在“统计报告”工作表的 B4 单元格中。

（8）根据“订单明细表”工作表中的销售数据，统计隆华书店在 2016 年第 3 季度的总销售额，并将其填写在“统计报告”工作表的 B5 单元格中。

（9）根据“订单明细表”工作表中的销售数据，统计隆华书店在 2016 年的每月平均销售额（保留 2 位小数），并将其填写在“统计报告”工作表的 B6 单元格中。

具体操作请参照二维码视频讲解。

【案例 3】销售报表的统计分析

文涵是大地公司的销售部助理，负责对全公司的销售情况进行统计分析，并将结果提交给销售部经理。年底，她将根据各门店提交的销售报表进行统计分析。帮助文涵完成此项工作。

（1）在文件夹下，将“Excel 素材.xlsx”文件另存为“Excel.xlsx”（“.xlsx”为扩展名），后续操作均基于此文件。

（2）将“Sheet1”工作表命名为“销售情况”，将“Sheet2”命名为“平均单价”。

（3）在“店铺”列左侧插入一个空列，输入列标题为“序号”，并以 001、002、003…的方式向下填充该列到最后一个数据行。

（4）将工作表标题跨列合并后居中并适当调整其字体、加大字号，并改变字体颜色。适当加大数据表行高和列宽，设置对齐方式及销售额数据列的数值格式（保留 2 位小数），并为数据区域增加边框线。

（5）将工作表“平均单价”中的区域 B3:C7 定义名称为“商品均价”。运用公式计算工作表“销售情况”中 F 列的销售额，要求在公式中通过 VLOOKUP 函数自动在工作表“平均单价”中查找相关商品的单价，并在公式中引用所定义的名称“商品均价”。

（6）为工作表“销售情况”中的销售数据创建一个数据透视表，放置在一个名为“数据透视分析”的新工作表中，要求针对各类商品比较各门店每个季度的销售额。其中：商品名称为报表筛选字段，店铺为行标签，季度为列标签，并对销售额求和。最后对数据透视表进行格式设置，使其更加美观。

（7）根据生成的数据透视表，在透视表下方创建一个簇状柱形图，图表中仅对各门店 4 个季度笔记本电脑的销售额进行比较。

具体操作请参照二维码视频讲解。

【案例 4】人口普查数据的统计分析

我国的人口发展形势非常严峻，为此国家统计局每 10 年进行一次全国人口普查，以掌握全国人口的增长速度及规模。按照下列要求完成对第五次、第六次人口普查数据的统计分析。

（1）新建一个空白 Excel 文档，将工作表 Sheet1 更名为“第五次普查数据”，将 Sheet2 更名为“第六次普查数据”，将该文档以“Excel.xlsx”为文件名（“.xlsx”为扩展名）保存在文件夹下。

（2）浏览网页“第五次全国人口普查公报.htm”，将其中的“2000 年第五次全国人口普查主要数据”表格导入到工作表“第五次普查数据”中；浏览网页“第六次全国人口普查公报.htm”，将其中的“2010 年第六次全国人口普查主要数据”表格导入到工作表“第六次普查数据”中（要求均从 A1 单元格开始导入，不得对两个工作表中的数据进行排序）。

（3）对两个工作表中的数据区域套用合适的表格样式，要求至少四周有边框且偶数行有底纹，并将所有人口数列的数字格式设为带千分位分隔符的整数。

（4）将两个工作表内容合并，合并后的工作表放置在新工作表“比较数据”中（自 A1 单元格开始），且保持最左列仍为地区名称、A1 单元格中的列标题为“地区”，对合并后的工作表适当的调整行高列宽、字体字号、边框底纹等，使其便于阅读。以“地区”为关键字对工作表“比较数据”进行升序排列。

（5）在合并后的工作表“比较数据”中的数据区域最右边依次增加“人口增长数”和“比重变化”两列，计算这两列的值，并设置合适的格式。其中：

人口增长数=2010 年人口数-2000 年人口数

比重变化=2010 年比重-2000 年比重

（6）打开工作簿“统计指标.xlsx”，将工作表“统计数据”插入到正在编辑的文档“Excel.xlsx”中工作表“比较数据”的右侧。

（7）在工作簿“Excel.xlsx”的工作表“统计数据”中的相应单元格内填入统计结果。

（8）基于工作表“比较数据”创建一个数据透视表，将其单独存放在一个名为“透视分析”的工作表中。透视表中要求筛选出 2010 年人口数超过 5 000 万的地区及其人口数、2010 年所占比重、人口增长数，并按人口数从多到少排序。最后适当调整透视表中的数字格式。（提示：行标签为“地区”，数值项依次为 2010 年人口数、2010 年比重、人口增长数）

具体操作请参照二维码视频讲解。

【案例 5】公司差旅报销情况表

财务部助理小王需要向主管汇报 2018 年度公司差旅报销情况，现在按照如下需求完成工作。

（1）在文件夹下，将“Excel 素材.xlsx”文件另存为“Excel.xlsx”（“.xlsx”为扩展名），后续操作均基于此文件。

（2）在“费用报销管理”工作表“日期”列的所有单元格中，标注每个报销日期属于星期几，例如日期为“2018 年 1 月 20 日”的单元格应显示为“2018 年 1 月 20 日 星期六”，日期为“2018 年 1 月 21 日”的单元格应显示为“2018 年 1 月 21 日 星期日”。

（3）如果“日期”列中的日期为星期六或星期日，则在“是否加班”列的单元格中显示“是”，否则显示“否”（必须使用公式）。

（4）使用公式统计每个活动地点所在的省份或直辖市，并将其填写在“地区”列所对应的单元格中，例如“北京市”“浙江省”。

（5）依据“费用类别编号”列内容，使用 VLOOKUP 函数，生成“费用类别”列内容。对照关系参考“费用类别”工作表。

（6）在“差旅成本分析报告”工作表 B3 单元格中，统计 2018 年第二季度发生在北京市的差旅费用总金额。

（7）在“差旅成本分析报告”工作表 B4 单元格中，统计 2018 年员工钱顺卓报销的火车票费用总额。

（8）在“差旅成本分析报告”工作表 B5 单元格中，统计 2018 年差旅费用中，飞机票费用占所有报销费用的比例，并保留 2 位小数。

（9）在“差旅成本分析报告”工作表 B6 单元格中，统计 2018 年发生在周末（星期六和星期日）的通信补助总金额。

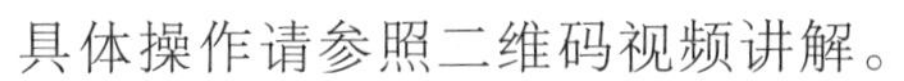

具体操作请参照二维码视频讲解。

【案例 6】工资表的整理和分析

小李是东方公司的会计，为节省时间，同时又确保记账的准确性，她使用 Excel 编制了员工工资表。请根据文件夹下“Excel 素材.xlsx”中的内容，帮助小李完成工资表的整理和分析工作。具体要求如下（提示：出现排序问题则采用升序方式）。

（1）在文件夹下，将“Excel 素材.xlsx”文件另存为“Excel.xlsx”（“.xlsx”为扩展名），后续操作均基于此文件。

（2）通过合并单元格，将表名“东方公司 2018 年 3 月员工工资表”放于整个表的上端、居中，并调整字体、字号。

（3）在“序号”列中分别填入 1～15，将其数据格式设置为数值、保留 0 位小数、居中。

（4）将“基础工资”（含）右侧各列设置为会计专用格式、保留 2 位小数、无货币符号。

（5）调整表格各列宽度、对齐方式，使得显示更加美观。并设置纸张大小为 A4、横向，整个工作表需调整在 1 个打印页内。

（6）参考文件夹下的“工资薪金所得税率.xlsx”文件内容，利用 IF 函数计算“应交个人所得税”列。（提示：应交个人所得税=应纳税所得额*对应税率-对应速算扣除数）

（7）利用公式计算“实发工资”列，公式为：实发工资=应付工资合计-扣除社保-应交个人所得税。

（8）复制工作表“2018 年 3 月”，将副本放置到原工作表的右侧，并将新工作表命名为“分类汇总”。

（9）在“分类汇总”工作表中通过分类汇总功能求出各部门“应付工资合计”“实发工资”的和，每组汇总数据不分页。

具体操作请参照二维码视频讲解。

【案例 7】学生期末成绩分析表的制作

小李是北京某政法学院教务处的工作人员，法律系提交了 2017 级 4 个法律专业教学班的期末成绩单，为更好地掌握各个教学班学习的整体情况，教务处领导要求她制作成绩分析表，供学院领导掌握宏观情况。请根据考生文件夹下的“Excel 素材.xlsx”文档，帮助小李完成 2017 级法律专业学生期末成绩分析表的制作。具体要求如下。

（1）在文件夹下，将“Excel 素材.xlsx”文件另存为“Excel.xlsx”（“.xlsx”为扩展名），后续操作均基于此文件。

（2）在“2017 级法律”工作表最右侧依次插入“总分”“平均分”“年级排名”列；将工作表的第 1 行根据表格实际情况合并居中为一个单元格，并设置合适的字体、字号，使其成为该工作表的标题。对班级成绩区域套用带标题行的“表样式中等深浅 15”的表格格式。设置所有列的对齐方式为居中，其中排名为整数，其他成绩的数值保留 1 位小数。

（3）在“2017 级法律”工作表中，利用公式分别计算“总分”“平均分”“年级排名”列的值。对学生成绩不及格（小于 60）的单元格套用格式突出显示为“黄色（标准色）填充色红色（标准色）文本”。

（4）在“2017 级法律”工作表中，利用公式，根据学生的学号，将其班级的名称填入“班级”列，规则为：学号的第 3 位为专业代码、第 4 位代表班级序号，即 01 为“法律一班”，02 为“法律二班”，03 为“法律三班”，04 为“法律四班”。

（5）根据“2017 级法律”工作表，创建一个数据透视表，放置于表名为“班级平均分”的新工作表中，工作表标签颜色设置为红色。要求数据透视表中按照英语、体育、计算机、近代史、法制史、刑法、民法、法律英语、立法法的顺序统计各班各科成绩的平均分，其中行标签为班级。为数据透视表格内容套用带标题行的“数据透视表样式中等深浅 15”的表格格式，所有列的对齐方式设为居中，成绩的数值保留 1 位小数。

（6）在“班级平均分”工作表中，针对各课程的班级平均分创建二维的簇状柱形图，其中水平簇标签为班级，图例项为课程名称，并将图表放置在表格下方的 A10:H30 区域中。

具体操作请参照二维码视频讲解。

【案例 8】制作销售情况统计分析

销售部助理小王需要根据 2017 年和 2018 年的图书产品销售情况进行统计分析，以便制订新一年的销售计划和工作任务。请按照如下要求完成以下工作。

（1）在文件夹下，将“Excel 素材.xlsx”文件另存为“Excel.xlsx”（“.xlsx”为扩展名），后续操作均基于此文件。

（2）在“销售订单”工作表的“图书编号”列中，使用 VLOOKUP 函数填充所对应“图书名称”的“图书编号”，“图书名称”和“图书编号”的对照关系请参考“图书编目表”工作表。

（3）将“销售订单”工作表的“订单编号”列按照数值升序方式排序，并将所有重复的订单编号数值标记为紫色（标准色）字体，然后将其排列在销售订单列表区域的顶端。

（4）在“2018 年图书销售分析”工作表中，统计 2018 年各类图书在每月的销售量，并将统计结果填充在所对应的单元格中。为该表添加汇总行，在汇总行单元格中分别计算每月图书的总销量。

（5）在“2018 年图书销售分析”工作表中的 N4:N11 单元格中，插入用于统计销售趋势的迷你折线图，各单元格中迷你图的数据范围为所对应图书的 1 月～12 月销售数据。并为各迷你折线图标记销量的最高点和最低点。

（6）根据“销售订单”工作表的销售列表创建数据透视表，并将创建完成的数据透视表放置在新工作表中，以 A1 单元格为数据透视表的起点位置。将工作表重命名为“2017 年书店销量”。

（7）在“2017 年书店销量”工作表的数据透视表中，设置“日期”字段为列标签，“书店名称”字段为行标签，“销量（本）”字段为求和汇总项。并在数据透视表中显示 2017 年期间各书店每季度的销量情况。

具体操作请参照二维码视频讲解。

为了统计方便，请勿对完成的数据透视表进行额外的排序操作。

【案例 9】各科考试成绩的统计分析

期末考试结束了，初三（14）班的班主任助理王老师需要对本班学生的各科考试成绩进行统计分析，按照下列要求完成该班的成绩统计工作。

（1）在文件夹下，将“Excel 素材.xlsx”文件另存为“Excel.xlsx”（“.xlsx”为扩展名），后续操作均基于此文件。

（2）在工作簿“Excel.xlsx”最左侧插入一个空白工作表，重命名为“初三学生档案”，并将该工作表标签颜色设为“紫色（标准色）”。

（3）将以制表符分隔的文本文件“学生档案.txt”自 A1 单元格开始导入到工作表“初三学生档案”中，注意不得改变原始数据的排列顺序。将第 1 列数据从左到右依次分成“学号”和“姓名”两列显示。最后创建一个名为“档案”、包含数据区域 A1:G56、包含标题的表，同时删除外部链接。

（4）在工作表“初三学生档案”中，利用公式及函数依次输入每个学生的性别“男”或“女”、出生日期“××××年××月××日”和年龄。其中：身份证号的倒数第 2 位用于判断性别，奇数为男性，偶数为女性；身份证号的第 7～14 位代表出生年月日；年龄需要按周岁计算，满 1 年才计 1 岁。最后适当调整工作表的行高和列宽、对齐方式等，以方便阅读。

（5）参考工作表“初三学生档案”，在工作表“语文”中输入与学号对应的“姓名”；按照平时、期中、期末成绩各占 30%、30%、40%的比例计算每个学生的“学期成绩”并填入相应单元格中；按成绩由高到低的顺序统计每个学生的“学期成绩”排名并按“第 *n* 名”的形式填入“班级名次”列中；按照表 2.6 所列条件填写“期末总评”。

表 2.6 要求

语文、数学的学期成绩/分	其他科目的学期成绩/分	期末总评
≥102	≥90	优秀
≥84	≥75	良好
≥72	≥60	及格
<72	<60	不合格

（6）将工作表“语文”的格式全部应用到其他科目工作表中，包括行高（各行行高均为 22 默认单位）和列宽（各列列宽均为 14 默认单位）。并按上述“4”中的要求依次输入或统计其他科目的“姓名”“学期成绩”“班级名次”和“期末总评”。

（7）分别将各科的“学期成绩”引入到工作表“期末总成绩”的相应列中，在工作表“期末总成绩”中依次引入姓名、计算各科的平均分、每个学生的总分，并按成绩由高到低的顺序统计每个学生的总分排名，并以 1、2、3…的形式标识名次，最后将所有成绩的数字格式设为数值、保留两位小数。

（8）在工作表“期末总成绩”中分别用红色（标准色）和加粗格式标出各科第一名成绩。同时将前 10 名的总分成绩用浅蓝色填充。

（9）调整工作表“期末总成绩”的页面布局以便打印：纸张方向为横向，缩减打印输出使得所有列只占一个页面宽（但不得缩小列宽），水平居中打印在纸上。

具体操作请参照二维码视频讲解。

【案例10】个人开支情况的整理和分析

小赵是一名参加工作不久的大学生。他习惯使用Excel表格来记录每月的个人开支情况。2017年底小赵将每个月各类支出的明细数据录入了文件名为“Excel素材.xlsx”的工作簿文档中。根据下列要求帮助小赵对明细表进行整理和分析。

（1）在文件夹下，将“Excel素材.xlsx”文件另存为“Excel.xlsx”（“.xlsx”为扩展名），后续操作均基于此文件。

（2）在工作表“小赵的美好生活”的第1行添加表名“小赵2017年开支明细表”，并通过合并单元格，放于整个表的上端、居中。

（3）将工作表应用一种主题，并增大字号，适当加大行高列宽，设置居中对齐方式，除表名“小赵2017年开支明细表”外将工作表添加内外边框和底纹以使工作表更加美观。

（4）将每月各类支出及总支出对应的单元格数据类型都设为“货币”类型，无小数、人民币货币符号。

（5）通过函数计算每个月的总支出、各个类别月均支出、每月平均总支出；并按每个月总支出升序对工作表进行排序。

（6）利用“条件格式”功能：将开支金额中大于1 000元的数据以不同的字体颜色与填充颜色突出显示；将月总支出额中大于月均总支出110%的数据所在单元格以另一种颜色显示，所用颜色深浅以不遮挡数据为宜。

（7）在月份右侧插入新列“季度”，数据根据月份由函数生成，样式为1～3月分别对应“1季度”，依此类推。

（8）复制工作表“小赵的美好生活”到原表右侧；改变副本的表标签颜色并重命名为“按季度汇总”。

（9）通过分类汇总功能求出每个季度各类的月均支出金额。

（10）以分类汇总结果为基础，创建一个带数据标记的折线图，以季度为系列对各分类的季度平均支出进行比较，给每类的“最高季度月均支出值”添加数据标签，并将该图表放置在一个名为“图表”的新工作表中。

具体操作请参照二维码视频讲解。

【案例11】停车收费表的数据分析

某停车场计划调整收费标准，拟从原来“不足15分钟按15分钟收费”调整为“不足15分钟部分不收费”的收费政策。市场部提取了历史停车收费记录，期望通过分析掌握该政策调整后对营业额的影响。根据文件夹里“Excel 素材.xlsx”文件中的数据信息，帮助市场分析员完成此项工作，具体要求如下。

（1）在文件夹下，将“Excel 素材.xlsx”文件另存为“Excel.xlsx”（“.xlsx”为扩展名），后续操作均基于此文件。

（2）在“停车收费记录”工作表中，涉及金额的单元格均设置为带货币符号（￥）的会计专用类型格式，并保留 2 位小数。

（3）参考“收费标准”工作表，利用公式将收费标准金额填入到“停车收费记录”工作表的“收费标准”列。

（4）利用“停车收费记录”工作表中“出场日期”“出场时间”与“进场日期”“进场时间”列的关系，计算“停放时间”列，该列计算结果的显示方式为“××小时××分钟”。

（5）依据停放时间和收费标准，计算当前收费金额并填入“收费金额”列；计算拟采用新收费政策后预计收费金额并填入“拟收费金额”列；计算拟调整后的收费与当前收费之间的差值，并填入“收费差值”列。

（6）将“停车收费记录”工作表数据套用“表样式中等深浅 12”表格格式，并添加汇总行，为“收费金额”“拟收费金额”和“收费差值”列进行汇总求和。

（7）在“收费金额”列中，将单次停车收费达到 100 元的单元格突出显示为黄底红字格式。

（8）新建名为“数据透视分析”的工作表，在该工作表中创建 3 个数据透视表。位于 A3 单元格的数据透视表行标签为“车型”，列标签为“进场日期”，求和项为“收费金额”，以分析当前每天的收费情况；位于 A11 单元格的数据透视表行标签为“车型”，列标签为“进场日期”，求和项为“拟收费金额”，以分析调整收费标准后每天的收费情况；位于 A19 单元格的数据透视表行标签为“车型”，列标签为“进场日期”，求和项为“收费差值”，以分析调整收费标准后每天的收费变化情况。

具体操作请参照二维码视频讲解。

【案例 12】销售表的统计分析

销售部助理小王需要针对 2017 年和 2018 年的公司图书产品销售情况进行统计分析，以便制订新的销售计划和工作任务。现在，请按照如下需求完成工作。

（1）在文件夹下，打开“Excel 素材.xlsx”文件，将其另存为“Excel.xlsx”（“.xlsx”为扩展名），之后所有的操作均在“Excel.xlsx”文件中进行。

（2）在“订单明细”工作表中，删除订单编号重复的记录（保留第一次出现的那条记录），但须保持原订单明细的记录顺序。

（3）在“订单明细”工作表的“单价”列中，利用 VLOOKUP 公式计算并填写相对应图书的单价金额。图书名称与图书单价的对应关系可参考工作表“图书定价”。

（4）如果每个订单的图书销量超过40本（含40本），则按照图书单价的9.3折进行销售；否则按照图书单价的原价进行销售。按照此规则，使用公式计算并填写“订单明细”工作表中每笔订单的“销售额小计”，保留2位小数。要求该工作表中的金额以显示精度参与后续的统计计算。

（5）根据“订单明细”工作表的“发货地址”列信息，并参考“城市对照”工作表中省市与销售区域的对应关系，计算并填写“订单明细”工作表中每笔订单的“所属区域”。

（6）根据“订单明细”工作表中的销售记录，分别创建名为“北区”“南区”“西区”和“东区”的工作表，这4个工作表中分别统计本销售区域各类图书的累计销售金额，统计格式请参考“Excel素材.xlsx”文件中的“统计样例”工作表。将这4个工作表中的金额设置为带千分位的、保留两位小数的数值格式。

（7）在“统计报告”工作表中，分别根据“统计项目”列的描述，计算并填写所对应的“统计数据”单元格中的信息。

具体操作请参照二维码视频讲解。

【案例13】销售表的统计

某公司销售部门主管大华拟对本公司产品前两季度的销售情况进行统计，按下述要求帮助大华完成统计工作。

（1）在文件夹下，将“Excel素材.xlsx”文件另存为“Excel.xlsx”（“.xlsx”为扩展名），后续操作均基于此文件。

（2）参照“产品基本信息表”所列，运用公式或函数分别在工作表“一季度销售情况表”“二季度销售情况表”中，填入各型号产品对应的单价，并计算各月销售额填入F列中。其中单价和销售额均为数值、保留两位小数、使用千位分隔符。（注意：不得改变这两个工作表中的数据顺序。）

（3）在“产品销售汇总表”中，分别计算各型号产品的第一和第二季度销量、销售额及合计数，填入相应列中。所有销售额均设为数值型、小数位数0，使用千位分隔符，右对齐。

（4）在“产品销售汇总表”中，在不改变原有数据顺序的情况下，按一、二季度销售总额从高到低给出销售额排名，填入I列相应单元格中。将排名前3位和后3位的产品名次分别用标准红色和标准绿色标出。

（5）为“产品销售汇总表”的数据区域A1:I21套用一个表格格式，包含表标题，并取消列标题行的筛选标记。

（6）根据“产品销售汇总表”中的数据，在一个名为“透视分析”的新工作表中创建数据透视表，统计每个产品类别的一、二季度销售及总销售额，透视表自A3单元格开始，并按一、二季度销售总额从高到低进行排序。结果参见文件“透视表样例.png”。

（7）将“透视分析”工作表标签颜色设为标准紫色，并移动到“产品销售汇总表”的右侧。

具体操作请参照二维码视频讲解。

【案例 14】考试情况的数据分析

滨海市对重点中学组织了一次物理统考，并生成了所有考生和每一个题目的得分。市教委要求小罗老师根据已有数据，统计分析各学校及班级的考试情况。请根据文件夹里“Excel 素材.xlsx”中的数据，帮助小罗完成此项工作。具体要求如下。

（1）在文件夹下，将“Excel 素材.xlsx”另存为“Excel.xlsx”文件（“.xlsx”为扩展名），后续操作均基于此文件。

（2）利用“成绩单”“小分统计”和“分值表”工作表中的数据，完成“按班级汇总”和“按学校汇总”工作表中相应空白列的数值计算。具体提示如下。

①“考试学生数”列必须利用公式计算，“平均分”列由“成绩单”工作表数据计算得出。

②“分值表”工作表中给出了本次考试各题的类型及分值。（备注：本次考试一共50道小题，其中1～40题为客观题，41～50题为主观题。）

③“小分统计”工作表中包含了各班级每一道小题的平均得分，通过其可计算出各班级的“客观题平均分”和“主观题平均分”。（备注：由于系统生成每题平均得分时已经进行了四舍五入操作，因此通过其计算“客观题平均分”和“主观题平均分”之和时，可能与根据“成绩单”工作表的计算结果存在一定误差。）

④ 利用公式计算“按学校汇总”工作表中的“客观题平均分”和“主观题平均分”，计算方法为：每个学校的所有班级相应平均分乘以对应班级人数，相加后再除以该校的总考生数。

⑤ 计算“按学校汇总”工作表中的每题得分率，即：每个学校所有学生在该题上的得分之和除以该校总考生数，再除以该题的分值。

⑥ 所有工作表中“考试学生数”“最高分”“最低分”显示为整数；各类平均分显示为数值格式，并保留2位小数；各题得分率显示为百分比数据格式，并保留2位小数。

（3）新建“按学校汇总2”工作表，将“按学校汇总”工作表中所有单元格数值转置复制到新工作表中。

具体操作请参照二维码视频讲解。

【案例 15】销售表的统计分析

销售部助理小王需要针对公司上半年产品销售情况进行统计分析，并根据全年销售计划执行进行评估。按照如下要求完成该项工作。

（1）在文件夹下，打开“Excel 素材.xlsx”文件，将其另存为“Excel.xlsx”（“.xlsx”为扩展名），之后所有的操作均基于此文件。

（2）在“销售业绩表”工作表的“个人销售总计”列中，通过公式计算每名销售人员1～6月的销售总和。

（3）依据“个人销售总计”列的统计数据，在“销售业绩表”工作表的“销售排名”列中通过公式计算销售排行榜，个人销售总计排名第一的，显示“第1名”；个人销售总计排名第二的，显示“第2名”；以此类推。

（4）在“按月统计”工作表中，利用公式计算1～6月的销售达标率，即销售额大于60 000元的人数所占比例，并填写在“销售达标率”行中。要求以百分比格式显示计算数据，并保留2位小数。

（5）在“按月统计”工作表中，分别通过公式计算各月排名第1、第2和第3的销售业绩，并填写在“销售第1名业绩”“销售第2名业绩”和“销售第3名业绩”所对应的单元格中。要求使用人民币会计专用数据格式，并保留2位小数。

（6）依据“销售业绩表”中的数据明细，在“按部门统计”工作表中创建一个数据透视表，并将其放置于A1单元格。要求可以统计出各部门的人员数量，以及各部门的销售额占销售总额的比例。数据透视表效果可参考“按部门统计”工作表中的样例。

（7）在“销售评估”工作表中创建一标题为“销售评估”的图表，借助此图表可以清晰反映每月“A类产品销售额”和“B类产品销售额”之和，与“计划销售额”的对比情况。图表效果可参考“销售评估”工作表中的样例。

具体操作请参照二维码视频讲解。

【案例16】销售表的汇总与分析

李东阳是某家用电器企业的战略规划人员，正在参与制订本年度的生产与营销计划。为此，他需要对上一年度不同产品的销售情况进行汇总和分析，从中提炼出有价值的信息。根据下列要求，帮助李东阳运用已有的原始数据完成上述分析工作。

（1）在文件夹下，将文档“Excel素材.xlsx”另存为“Excel.xlsx”（“xlsx”为扩展名），之后所有的操作均基于此文档。

（2）在工作表“Sheet1”中，从B3单元格开始，导入“数据源.txt”中的数据，并将工作表名称修改为“销售记录”。

（3）在“销售记录”工作表的A3单元格中输入文字“序号”，从A4单元格开始，为每笔销售记录插入“001、002、003…”格式的序号；将B列（日期）中数据的数字格式修改为只包含月和日的格式（3/14）；在E3和F3单元格中，分别输入文字“价格”和“金额”；对标题行区域A3:F3应用单元格的上框线和下框线，对数据区域的最后一行A891:F891应用单元格的下框线；其他单元格无边框线；不显示工作表的网格线。

（4）在“销售记录”工作表的A1单元格中输入文字“2017年销售数据”，并使其显示在A1:F1单元格区域的正中间（注意：不要合并上述单元格区域）；将“标题”单元格样式的字体修改为“微软雅黑”，并应用于A1单元格中的文字内容；隐藏第2行。

（5）在“销售记录”工作表的 E4:E891 中，应用函数输入 C 列（类型）所对应的产品价格，价格信息可以在“价格表”工作表中进行查询；然后将填入的产品价格设为货币格式，并保留零位小数。

（6）在“销售记录”工作表的 F4:F891 中，计算每笔订单记录的金额，并应用货币格式，保留零位小数，计算规则为：金额=价格×数量×（1-折扣百分比），折扣百分比由订单中的订货数量和产品类型决定，可以在“折扣表”工作表中进行查询。例如某个订单中产品 A 的订货量为 1510，则折扣百分比为 2%（提示：为便于计算，可对“折扣表”工作表中表格的结构进行调整）。

（7）将“销售记录”工作表的单元格区域 A3:F891 中所有记录居中对齐，并将发生在周六或周日的销售记录的单元格的填充颜色设为黄色。

（8）在名为“销售量汇总”的新工作表中自 A3 单元格开始创建数据透视表，按照月份和季度对“销售记录”工作表中的 3 种产品的销售数量进行汇总；在数据透视表右侧创建数据透视图，图表类型为“带数据标记的折线图”，并为“产品 B”系列添加线性趋势线，显示“公式”和“R2 值”（数据透视表和数据透视图的样式可参考考生文件夹中的“数据透视表和数据透视图.png”示例文件）；将“销售量汇总”工作表移动到“销售记录”工作表的右侧。

（9）在“销售量汇总”工作表右侧创建一个新的工作表，名称为“大额订单”；在这个工作表中使用高级筛选功能，筛选出“销售记录”工作表中产品 A 数量在 1 550 以上、产品 B 数量在 1 900 以上以及产品 C 数量在 1 500 以上的记录（将条件区域放置在 1～4 行，筛选结果放置在从 A6 单元格开始的区域）。

具体操作请参照二维码视频讲解。

【案例 17】工资奖金的计算及工资条的制作

每年年终，太平洋公司都会给在职员工发放年终奖金，公司会计小任负责计算工资奖金的个人所得税并为每位员工制作工资条。按照下列要求完成工资奖金的计算以及工资条的制作。

（1）在文件夹下，将“Excel 素材.xlsx”文件另存为“Excel.xlsx”（“.xlsx”为扩展名），后续操作均基于此文件。

（2）在最左侧插入一个空白工作表，重命名为“员工基础档案”，并将该工作表标签颜色设为标准红色。

（3）将以分隔符分隔的文本文件“员工档案.csv”自 A1 单元格开始导入到工作表“员工基础档案”中。将第 1 列数据从左到右依次分成“工号”和“姓名”两列显示；将工资列的数字格式设为不带货币符号的会计专用、适当调整行高列宽；最后创建一个名为“档案”、包含数据区域 A1:N102、包含标题的表，同时删除外部链接。

（4）在工作表“员工基础档案”中，利用公式及函数依次输入每个学生的性别“男”

或“女”，出生日期“××××年××月××日”，每位员工截至2018年9月30日的年龄、工龄工资，基本月工资。其中：

① 身份证号的倒数第2位用于判断性别，奇数为男性，偶数为女性；

② 身份证号的第7～14位代表出生年月日；

③ 年龄需要按周岁计算，满1年才计1岁，每月按30天、一年按360天计算；

④ 工龄工资的计算方法：本公司工龄达到或超过30年的每满一年每月增加50元、不足10年的每满一年每月增加20元、工龄不满1年的没有工龄工资，其他为每满一年每月增加30元；

⑤ 基本月工资=签约月工资+月工龄工资。

（5）参照工作表“员工基础档案”中的信息，在工作表“年终奖金”中输入与工号对应的员工姓名、部门、月基本工资；按照年基本工资总额的15%计算每个员工的年终应发奖金。

（6）在工作表“年终奖金”中，根据工作表“个人所得税税率”中的对应关系计算每个员工年终奖金应交的个人所得税、实发奖金，并填入G列和H列。年终奖金目前的计税方法如下：

① 年终奖金的月应纳税所得额=全部年终奖金÷12；

② 根据步骤①计算得出的月应纳税所得额在个人所得税税率表中找到对应的税率；

③ 年终奖金应交个税=全部年终奖金×月应纳税所得额的对应税率-对应速算扣除数；

④ 实发奖金=应发奖金-应交个税。

（7）根据工作表“年终奖金”中的数据，在“12月工资表”中依次输入每个员工的“应发年终奖金”“奖金个税”，并计算员工的“实发工资奖金”总额（实发工资奖金=应发工资奖金合计-扣除社保-工资个税-奖金个税）。

（8）基于工作表“12月工资表”中的数据，从工作表“工资条”的A2单元格开始依次为每位员工生成样例所示的工资条，要求每张工资条占用两行、内外均加框线，第1行为工号、姓名、部门等列标题，第2行为相应工资奖金及个税金额，两张工资条之间空一行以便剪裁、该空行行高统一设为40默认单位，自动调整列宽到最合适大小，字号不得小于10磅。

（9）调整工作表“工资条”的页面布局以备打印：纸张方向为横向，缩减打印输出使得所有列只占一个页面宽（但不得改变页边距），水平居中打印在纸上。

具体操作请参照二维码视频讲解。

【案例18】外汇报告完成情况的统计分析

正则明事务所的统计员小任需要对本所外汇报告的完成情况进行统计分析，并据此计算员工奖金。按照下列要求帮助小任完成相关的统计工作并对结果进行保存。

（1）在文件夹下，将“Excel 素材 1.xlsx”文件另存为“Excel.xlsx”（“.xlsx”为文件扩展名），除特殊指定外后续操作均基于此文件。

（2）将文档中以每位员工姓名命名的 5 个工作表内容合并到一个名为“全部统计结果”的新工作表中，合并结果自 A2 单元格开始、保持 A2～G2 单元格中的列标题依次为报告文号、客户简称、报告收费（元）、报告修改次数、是否填报、是否审核、是否通知客户，然后将其他 5 个工作表隐藏。

（3）在“客户简称”和“报告收费（元）”两列之间插入一个新列、列标题为“责任人”，限定该列中的内容只能是员工姓名高小丹、刘君赢、王铭争、石明砚、杨晓柯中的一个，并提供输入用下拉箭头，然后根据原始工作表名依次输入每个报告所对应的员工责任人姓名。

（4）利用条件格式“浅红色填充”标记重复的报告文号，按“报告文号”升序、“客户简称”笔画降序排列数据区域。将重复的报告文号后依次增加（1）、（2）格式的序号进行区分，使用西文括号。

（5）在数据区域的最右侧增加“完成情况”列，在该列中按以下规则、运用公式和函数填写统计结果：当左侧 3 项“是否填报”“是否审核”“是否通知客户”全部为“是”时显示“完成”，否则为“未完成”，将所有“未完成”的单元格以标准红色文本突出显示。

（6）在“完成情况”列的右侧增加“报告奖金”列，按照表 2.7 的要求对每个报告的员工奖金数进行统计计算（以元为单位）。另外当完成情况为“完成”时，每个报告多加 30 元的奖金，未完成时没有额外奖金。

表 2.7　　　　要求

报告收费金额/元	奖金/每个报告
≤1 000	100 元
1 000（不含）～2 800	报告收费金额的 8%
>2 800	报告收费金额的 10%

（7）适当调整数据区域的数字格式、对齐方式以及行高和列宽等格式，并为其套用一个恰当的表格样式。最后设置表格中仅“完成情况”和“报告奖金”两列数据不能被修改，密码为空。

（8）打开工作簿“Excel 素材 2.xlsx”，将其中的工作表 Sheet1 移动或复制到工作簿“Excel.xlsx”的最右侧。将“Excel.xlsx”中的 Sheet1 重命名为“员工个人情况统计”，并将其工作表标签颜色设为标准紫色。

（9）在工作表“员工个人情况统计”中，对每位员工的报告完成情况及奖金数进行计算统计并依次填入相应的单元格。

（10）在工作表“员工个人情况统计”中，生成一个三维饼图统计全部报告的修改情况，显示不同修改次数（0、1、2、3、4次）的报告数所占的比例，并在图表中标示保留两位小数的比例值。图表放置在数据源的下方。

具体操作请参照二维码视频讲解。

【案例19】销售情况统计的表整理和分析

销售经理小李通过Excel制作了销售情况统计表，根据下列要求帮助小李对数据进行整理和分析。

（1）在文件夹下，将“Excel素材.xlsx”文件另存为“Excel.xlsx”（“.xlsx”为文件扩展名），后续操作均基于此文件。

（2）自动调整表格数据区域的列宽、行高，将第1行的行高设置为第2行行高的2倍；设置表格区域各单元格内容水平垂直均居中，并更改文本“鹏程公司销售情况表格”的字体、字号；将数据区域套用表格格式“表样式中等深浅27”，表包含标题。

（3）对工作表进行页面设置，指定纸张大小为A4、横向，调整整个工作表为1页宽、1页高，并在整个页面水平居中。

（4）将表格数据区域中所有空白单元格填充数字0（共21个单元格）。

（5）将“咨询日期”的月、日均显示为2位，如“2019/1/5”应显示为“2019/01/05”，并依据日期、时间先后顺序对工作表排序。

（6）在“咨询商品编码”与“预购类型”之间插入新列，列标题为“商品单价”，利用公式，将工作表“商品单价”中对应的价格填入该列。

（7）在“成交数量”与“销售经理”之间插入新列，列标题为“成交金额”，根据“成交数量”和“商品单价”，利用公式计算并填入“成交金额”。

（8）为销售数据插入数据透视表，数据透视表放置到一个名为“商品销售透视表”的新工作表中，透视表行标签为“咨询商品编码”，列标签为“预购类型”，对“成交金额”求和。

（9）打开“月统计表”工作表，利用公式计算每位销售经理每月的成交金额，并填入对应位置，同时计算“总和”列、“总计”行。

（10）在工作表“月统计表”的G3:M20区域中，插入与“销售经理成交金额按月统计表”数据对应的二维“堆积柱形图”，横坐标为销售经理，纵坐标为金额，并为每月添加数据标签。

具体操作请参照二维码视频讲解。

【案例20】能力考核报告的完善和分析

晓雨任职于人力资源部门，她需要对企业员工Office应用能力考核报告进行完善和分析。按照如下要求帮助晓雨完成数据处理工作。

（1）在文件夹下，将“Excel素材.xlsx”文件另存为“Excel.xlsx”（“.xlsx”为扩展名），后续操作均基于此文件。

（2）在“成绩单”工作表中，设置工作表标签颜色为标准红色；对数据区域套用“表样式浅色16”表格格式，取消镶边行后将其转换为区域。

（3）删除“姓名”列中所有汉语拼音字母，只保留汉字。

（4）设置“员工编号”列的数据格式为“001，002，…，334”；在 G3:K336 单元格区域中的所有空单元格中输入数值 0。

（5）计算每个员工 5 个考核科目（Word、Excel、PowerPoint、Outlook 和 Visio）的平均成绩，并填写在“平均成绩”列。

（6）在“等级”列中计算并填写每位员工的考核成绩等级，等级的计算规则如表 2.8 所示。

（7）适当调整“成绩单”工作表 B2:M336 单元格区域内各列列宽，并将该区域内数据设置为水平、垂直方向均居中对齐。

（8）依据自定义序列“研发部→物流部→采购部→行政部→生产部→市场部”的顺序进行排序；如果部门名称相同，则按照平均成绩由高到低的顺序排序。

表 2.8　　规则要求

等级分类	计算规则
不合格	5 个考核科目中任一科目成绩低于 60 分
及格	60 分 ≤ 平均成绩<75 分
良	75 分 ≤ 平均成绩<85 分
优	平均成绩 ≥ 85 分

（9）设置“分数段统计”工作表标签颜色为蓝色；参考文件夹中的“成绩分布及比例.png”示例，以该工作表 B2 单元格为起始位置创建数据透视表，计算“成绩单”工作表中平均成绩在各分数段的人数以及所占比例（数据透视表中的数据格式设置以参考示例为准，其中平均成绩各分数段下限包含临界值）；根据数据透视表在单元格区域 E2:L17 内创建数据透视图（数据透视图图表类型、数据系列、坐标轴、图例等设置以参考示例为准）。

（10）根据“成绩单”工作表中的“年龄”和“平均成绩”两列数据，创建名为“成绩与年龄”的图表工作表（参考考生文件夹中的“成绩与年龄.png”示例，图表类型、样式、图表元素均以此示例为准）。设置图表工作表标签颜色为绿色，并将其放置在全部工作表的最右侧。

（11）将“成绩单”工作表中的数据区域设置为打印区域，并设置标题行在打印时可以重复出现在每页顶端。

（12）将所有工作表的纸张方向都设置为横向，并为所有工作表添加页眉和页脚，页眉中间位置显示“成绩报告”文本，页脚样式为“第 1 页，共?页”。

具体操作请参照二维码视频讲解。

【案例 21】采购成本表的分析及辅助决策

李晓玲是某企业的采购部门员工，现在需要使用 Excel 来分析采购成本并进行辅助决策。根据下列要求，帮助她运用已有的数据完成这项工作。

（1）在文件夹下，将“Excel 素材.xlsx”文件另存为“Excel.xlsx”（“.xlsx”为扩展

名），后续操作均基于此文件。

（2）在“成本分析”工作表的单元格区域 F3:F15，使用公式计算不同订货量下的年订货成本，公式为“年订货成本=（年需求量/订货量）×单次订货成本”，计算结果应用货币格式并保留整数。

（3）在“成本分析”工作表的单元格区域 G3:G15，使用公式计算不同订货量下的年存储成本，公式为“年存储成本=单位年存储成本×订货量×0.5”，计算结果应用货币格式并保留整数。

（4）在“成本分析”工作表的单元格区域 H3:H15，使用公式计算不同订货量下的年总成本，公式为“年总成本=年订货成本+年储存成本”，计算结果应用货币格式并保留整数。

（5）为“成本分析”工作表的单元格区域 E2:H15 套用一种表格格式，并将表名称修改为“成本分析”；根据表“成本分析”中的数据，在单元格区域 J2:Q18 中创建图表，图表类型为“带平滑线的散点图”，并根据“图表参考效果.png”中的效果设置图表的标题内容、图例位置、网格线样式、垂直轴和水平轴的最大最小值及刻度单位和刻度线。

（6）将工作表“经济订货批量分析”的 B2:B5 单元格区域的内容分为两行显示并居中对齐（保持字号不变），如文档“换行样式.png”所示，括号中的内容（含括号）显示于第 2 行，然后适当调整 B 列的列宽。

（7）在工作表“经济订货批量分析”的 C5 单元格计算经济订货批量的值，公式为：

$$\text{经济订货批量}=\sqrt{\frac{2\times\text{年需求量}\times\text{单次订货成本}}{\text{单位年储存成本}}}$$

计算结果保留整数。

（8）在工作表“经济订货批量分析”的单元格区域 B7:M27 创建模拟运算表，模拟不同的年需求量和单位年储存成本所对应的不同经济订货批量；其中 C7:M7 为年需求量可能的变化值，B8:B27 为单位年储存成本可能的变化值，模拟运算的结果保留整数。

（9）对工作表“经济订货批量分析”的单元格区域 C8:M27 应用条件格式，将所有属于[650,750]区间的值所在单元格的底纹设置为红色，字体颜色设置为“白色，背景 1”。

（10）在工作表“经济订货批量分析”中，将据单元格区域 C2:C4 作为可变单元格，按照表 2.9 所示的要求创建方案（最终显示的方案为“需求持平”）。

表 2.9　　要求

方案名称	单元格 C2	单元格 C3	单元格 C4
需求下降	10 000	600	35
需求持平	15 000	500	30
需求上升	20 000	450	27

（11）在工作表“经济订货批量分析”中，为单元格 C2:C5 按照表 2.10 所示要求定义名称。

表 2.10　　　　要求

单元格	定义名称
C2	年需求量
C3	单次订货成本
C4	单位年储存成本
C5	经济订货批量

（12）在工作表“经济订货批量分析”中，以 C5 单元格为结果单元格创建方案摘要，并将新生成的“方案摘要”工作表置于工作表“经济订货批量分析”右侧。

（13）在“方案摘要”工作表中，将单元格区域 B2:G10 设置为打印区域，纸张方向设置为横向，缩放比例设置为正常尺寸的 200%，打印内容在页面中水平和垂直方向都居中对齐，在页眉正中央添加文字“不同方案比较分析”，并将页眉到上边距的距离值设置为 3。

具体操作请参照二维码视频讲解。

03 第3章 演示文稿软件 PowerPoint 2010

PowerPoint 的主要功能是进行幻灯片的制作和演示，可有效帮助用户进行演讲、教学和产品演示等，更多地应用于企业和学校等教育机构。PowerPoint 2010 提供了比以往更多的方法方便用户创建动态演示文稿并与访问群体共享，使用令人耳目一新的视听功能及用于视频和照片编辑的新增和改进工具可以让用户创作出更加完美的作品，就像在讲述一个活泼的电影故事。PowerPoint 2010 具体的新功能如下：可为文稿带来更多的活力和视觉冲击的新增图片效果应用、支持直接嵌入和编辑视频文件、依托新增的 SmartArt 快速创建美妙绝伦的图表演示文稿、全新的幻灯动态切换展示等。

3.1 认识 PowerPoint 2010

3.1.1 熟悉 PowerPoint 2010 的功能区

第一次启动 Microsoft PowerPoint 2010 时，用户会发现 PowerPoint 2010 的工作窗口结构同 Word 2010 类似，功能区包含以前在 PowerPoint 2003 及更早版本中的菜单和工具栏上的命令和其他菜单项。功能区旨在帮助用户快速找到完成某任务所需的命令。功能区中有多个选项卡，每个选项卡均与一种活动类型相关，选项卡中含有各种分组，分组里就有各种操作按钮和命令。用户可以在功能区上看到的其他元素有上下文选项卡、库和对话框启动器。如在幻灯片中选中一个图形或图片，则功能区右侧会自动显示“图片工具”上下文选项卡，如图 3.1 所示。

功能区上的常用命令的位置介绍如下。

（1）“文件”选项卡：使用“文件”选项卡可创建新文件、打开或保存现有文件和打印演示文稿。

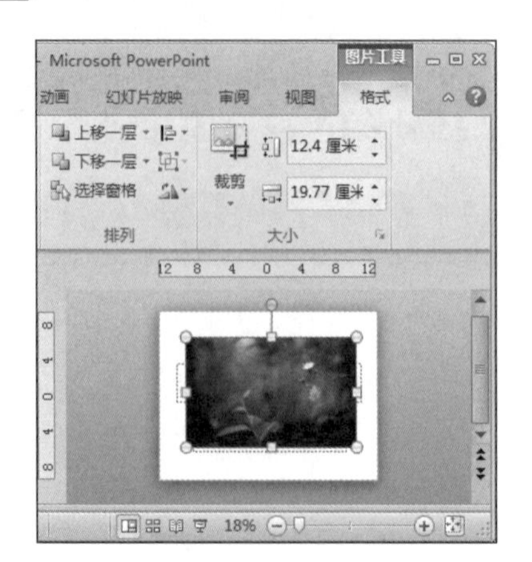

图 3.1 “图片工具”上下文选项卡

（2）“开始”选项卡：使用“开始”选项卡可插入新幻灯片、将对象组合在一起以及设置幻灯片上的文本的格式。如果单击“新建幻灯片”旁边的箭头，则可从多个幻灯片布局进行选择。“字体”组包括“字体”“加粗”“斜体”和“字号”按钮。“段落”组包括“文本右对齐”“文本左对齐”“两端对齐”和“居中”。若要查找“组”命令，请单击“排列”，然后在“组合对象”中选择“组”。

（3）“插入”选项卡：使用“插入”选项卡可将表、形状、图表、页眉或页脚插入到演示文稿中。

（4）“设计”选项卡：使用“设计”选项卡可自定义演示文稿的背景、主题设计和颜色或页面设置。单击“页面设置”可启动“页面设置”对话框。在“主题”组中，单击某主题可将其应用于演示文稿。单击“背景样式”可为演示文稿选择背景色和设计。

（5）“切换”选项卡：使用“切换”选项卡可对当前幻灯片应用、更改或删除切换。在“切换到此幻灯片”组，单击某切换可将其应用于当前幻灯片。在“声音”列表中，可从多种声音中进行选择以在切换过程中播放。在“换片方式”下，可选择“单击鼠标时”以在单击时进行切换。

（6）“动画”选项卡：使用“动画”选项卡可对幻灯片上的对象应用、更改或删除动画。单击“添加动画”，然后选择应用于选定对象的动画。单击“动画窗格”可启动“动画窗格”任务窗格。“计时”组包括用于设置“开始”和“持续时间”的区域。

（7）“幻灯片放映”选项卡：使用“幻灯片放映”选项卡可开始幻灯片放映、自定义幻灯片放映的设置和隐藏单个幻灯片。“开始幻灯片放映”组，包括“从头开始”和“从当前幻灯片开始”。单击“设置幻灯片放映”可启动“设置放映方式”对话框。

（8）“审阅”选项卡：使用“审阅”选项卡可检查拼写、更改演示文稿中的语言或比较当前演示文稿与其他演示文稿的差异。“拼写”用于启动拼写检查程序。“语言”组，包括“编辑语言”，在其中用户可以选择语言。“比较”可在其中比较当前演示文稿中与其他演示文稿的差异。

（9）“视图”选项卡：使用“视图”选项卡可以查看幻灯片母版、备注母版、幻灯片浏览。用户还可以打开或关闭标尺、网格线和绘图指导。“放映”组，包括“标尺”和“网格线”。

某些命令（例如“剪裁”或“压缩”）位于上下文选项卡上。若要查看上下文选项卡，首先选择要使用的对象，然后检查在功能区中是否显示上下文选项卡。

3.1.2　新增功能

Microsoft PowerPoint 2010 在以前版本的基础上新增了许多有用的功能。

（1）使用动画刷，制作动画更方便、更高效。

PowerPoint 2010 中对动画设置做了很大改变，让设置更方便。如图 3.2 所示，按 1-2-3-4 的步骤即可方便地完成动画设置。特别是动画刷与动画触发器，可以让用户随心所欲设置动画效果与顺序。

（2）超强的幻灯片切换效果，更炫目、更多样。

涟漪、蜂巢等众多的幻灯片切换效果会让幻灯片播放更炫目。因此，提醒用户在做教学课件的幻灯片时慎重选择切换方式。

（3）图像处理也可以去除图像背景与抠图。

PowerPoint 2010 提供了很多图像处理工具，一些图像效果完全可以在 PowerPoint 中完成了，包括裁切图片、删除背景、更改亮度与清晰度、更改色彩、设置艺术效果等。

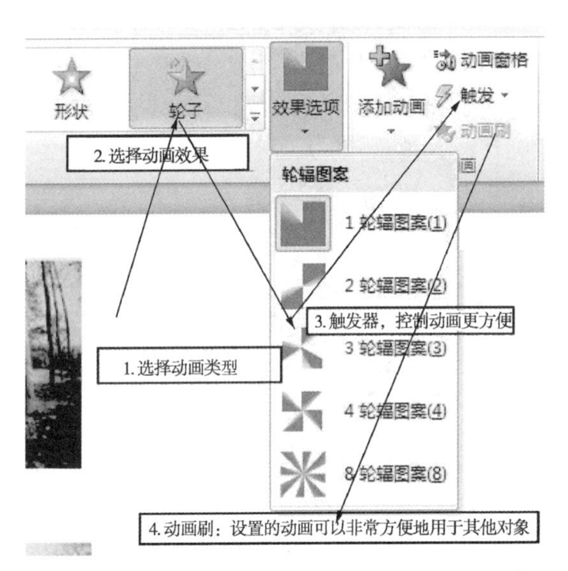

图 3.2　动画设置

（4）在 PowerPoint 里也可以编辑视频。

（5）新增了屏幕截图功能工具。

虽然现在用户越来越多地使用 Ctrl+Alt+A 组合键（QQ 截图：将 Alt 键改成 Shift 键可以截取下拉菜单）来截图，但 PowerPoint 有了这一个工具，还是会增加很多方便的。

（6）更多的发布选项，分享更方便。

3.1.3 PowerPoint 2010 视图概述

PowerPoint 2010 中可用于编辑、打印和放映演示文稿的视图有：普通视图、幻灯片浏览视图、备注页视图、幻灯片放映视图（包括演示者视图）、阅读视图、母版视图（包括幻灯片母版、讲义母版和备注母版）。

如图 3.3 所示，可在以下两个位置对 PowerPoint 进行视图切换。

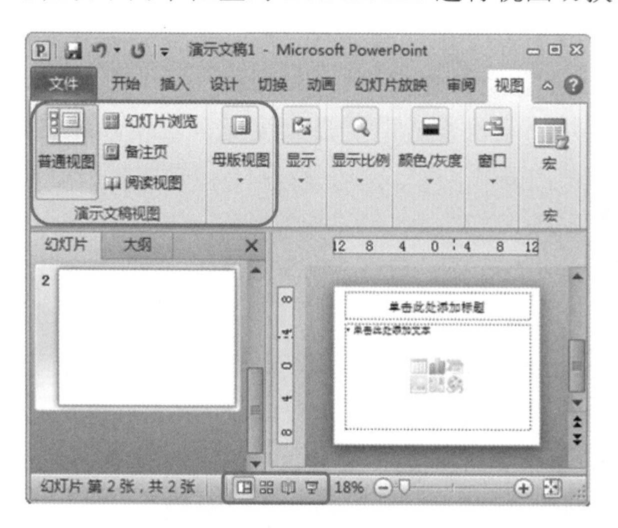

图 3.3　PowerPoint 视图切换

（1）“视图”选项卡上的“演示文稿视图”组和“母版视图”组中。

（2）在 PowerPoint 2010 窗口底部的状态栏，其中提供了各个主要视图（普通视图、幻灯片浏览视图、阅读视图和幻灯片放映视图）。

PowerPoint 中提供了许多视图，可帮助用户创建出具有专业水准的演示文稿。

1. 用于编辑演示文稿的视图

（1）普通视图

普通视图是主要的编辑视图，可用于撰写和设计演示文稿。普通视图有 4 个工作区域，如图 3.4 所示。

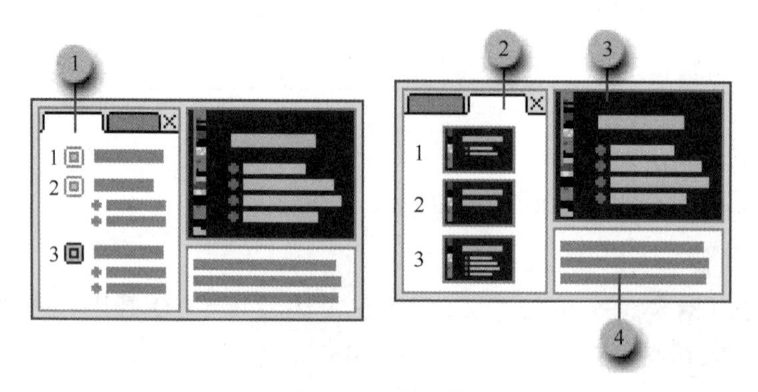

图 3.4　工作区域

① 大纲选项卡：此区域是用户开始撰写内容的理想场所，在这里，用户可以捕获灵感，计划如何表述它们，并能移动幻灯片和文本。“大纲”选项卡以大纲形式显示幻灯片文本。

若要打印演示文稿大纲的书面副本，并使其只包含文本（就像大纲视图中所显示的那样）而没有图形或动画，单击“文件→打印→其他设置→整页幻灯片→大纲→打印”即可实现。

② 幻灯片选项卡：在编辑时以缩略图大小的图像在演示文稿中观看幻灯片。使用缩略图能方便地遍历演示文稿，并观看任何设计更改的效果。在这里还可以轻松地重新排列、添加或删除幻灯片。

③ 幻灯片窗格：在 PowerPoint 窗口的右上方，“幻灯片”窗格显示当前幻灯片的大视图。在此视图中显示当前幻灯片时，可以添加文本，插入图片、表格、SmartArt 图形、图表、图形对象、文本框、电影、声音、超链接和动画。

④ 备注窗格：在“幻灯片”窗格下的“备注”窗格中，可以键入要应用于当前幻灯片的备注。用户可以将备注打印出来并在放映演示文稿时进行参考。用户还可以将打印好的备注分发给受众，或者将备注包括在发送给受众或发布在网页上的演示文稿中。

用户可以在“幻灯片”和“大纲”选项卡之间进行切换。若要查看普通视图中的标尺或网格线，在“视图”选项卡上的“放映”组中选中“标尺”或“网格线”复选框。

（2）幻灯片浏览视图

幻灯片浏览视图可使用户查看缩略图形式的幻灯片。通过此视图，用户在创建演示文稿以及准备打印演示文稿时，将可以轻松地对演示文稿的顺序进行排列和组织。

用户还可以在幻灯片浏览视图中添加节，并按不同的类别或节对幻灯片进行排序。

（3）备注页视图

如果要以整页格式查看和使用备注，在“视图”选项卡上的“演示文稿视图”组中单击“备注页”。

（4）母版视图

母版视图包括幻灯片母版视图、讲义母版视图和备注母版视图。它们是存储有关演示文稿的信息的主要幻灯片，其中包括背景、颜色、字体、效果、占位符大小和位置。使用母版视图的一个主要优点在于，在幻灯片母版、备注母版或讲义母版上，可以对与演示文稿关联的每个幻灯片、备注页或讲义的样式进行全局更改。

2. 用于放映演示文稿的视图

（1）幻灯片放映视图

幻灯片放映视图可用于向受众放映演示文稿。幻灯片放映视图会占据整个计算机屏幕，这与受众观看演示文稿时在大屏幕上显示的演示文稿完全一样。用户可以看到图形、计时、电影、动画效果和切换效果在实际演示中的具体效果。

若要退出幻灯片放映视图，按 Esc 键即可。

（2）演示者视图

演示者视图是一种可在演示期间使用的基于幻灯片放映的关键视图。借助两台监视器，用户可以运行其他程序并查看演示者备注，而这些是受众无法看到的。

若要使用演示者视图，确保用户的计算机具有多监视器功能，同时也要打开多监视器支持和演示者视图。

（3）阅读视图

阅读视图用于向用自己的计算机查看用户的演示文稿的人员而非受众（例如，通过大屏幕）放映演示文稿。如果用户希望在一个设有简单控件以方便审阅的窗口中查看演示文稿，而不想使用全屏的幻灯片放映视图，则也可以在自己的计算机上使用阅读视图。如果要更改演示文稿，可随时从阅读视图切换至某个其他视图。

3. 用于准备和打印演示文稿的视图

为了节省纸张和油墨，在打印之前可能需要准备打印作业。PowerPoint 提供了一系列视图和设置，可帮助用户指定要打印的内容（幻灯片、讲义或备注页）以及这些作业的打印方式（彩色打印、灰度打印、黑白打印、带有框架等）。

（1）幻灯片浏览视图

幻灯片浏览视图可使用户查看缩略图形式的幻灯片。通过此视图，可以在准备打印幻灯片时方便地对幻灯片的顺序进行排列和组织，如图 3.5 所示。

图 3.5　浏览视图

（2）打印预览

打印预览可让用户指定要打印的内容（讲义、备注页、大纲或幻灯片）的设置。

4. 将视图设置为默认视图

将默认视图更改为用户的工作所需的视图时，PowerPoint将始终在该视图中打开。可以设置为默认视图的视图包括：幻灯片浏览视图、只使用大纲视图、备注视图和普通视图的变体。

默认情况下，打开PowerPoint时会显示普通视图，其中列有缩略图、备注和幻灯片视图。但是，用户可以根据需要指定PowerPoint在打开时显示另一个视图，例如幻灯片浏览视图、幻灯片放映视图、备注页视图以及普通视图的各种变体。

将视图设置为默认视图的操作如下。

（1）单击“文件”选项卡。

（2）单击屏幕左侧的“选项”，然后在“PowerPoint 选项”对话框的左窗格上单击“高级”按钮。

（3）在“显示”下的“用此视图打开全部文档”列表中，选择要设置为新默认视图的视图，然后单击“确定”按钮。

3.2 演示文稿的基本操作

1. 新建演示文稿

若要新建演示文稿，执行下列操作。

（1）在PowerPoint 2010中，单击“文件”选项卡，然后单击“新建”按钮。

（2）单击“空白演示文稿”，然后单击“创建”按钮。

2. 打开演示文稿

若要打开现有演示文稿，执行下列操作。

（1）单击“文件”选项卡，然后单击“打开”按钮。

（2）选择所需的文件，然后单击“打开”按钮。

默认情况下，PowerPoint 2010在“打开”对话框中仅显示PowerPoint演示文稿，如图3.6所示。若要查看其他文件类型，请单击“所有PowerPoint演示文稿”，然后选择要查看的文件类型。

3. 保存演示文稿

若要保存演示文稿，执行下列操作。

（1）单击“文件”选项卡，然后单击“另存为”按钮，弹出“另存为”对话框。

（2）在对话框的“文件名”框中，键入PowerPoint演示文稿的名称，然后单击“保存”按钮。

默认情况下，PowerPoint 2010将文件保存为PowerPoint演示文稿（.pptx）文件格式。若要以非.pptx格式保存演示文稿，请单击“保存类型”列表，然后选择所需的文件格式，如图3.7所示。

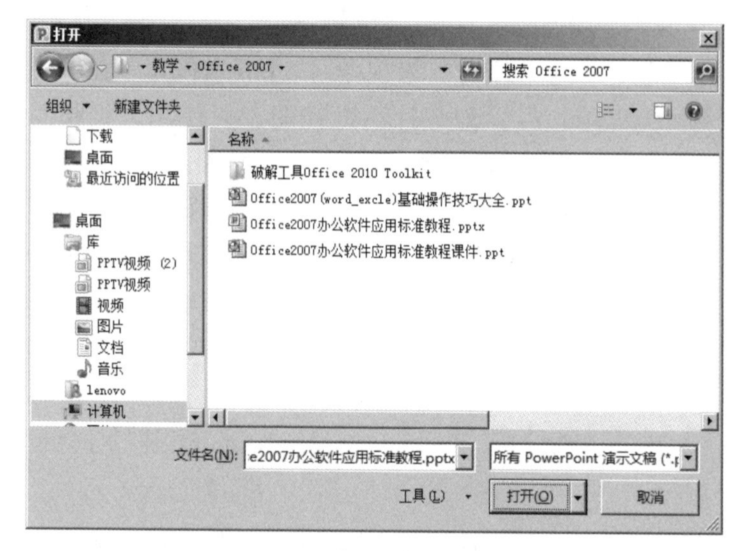

图 3.6 “打开”对话框

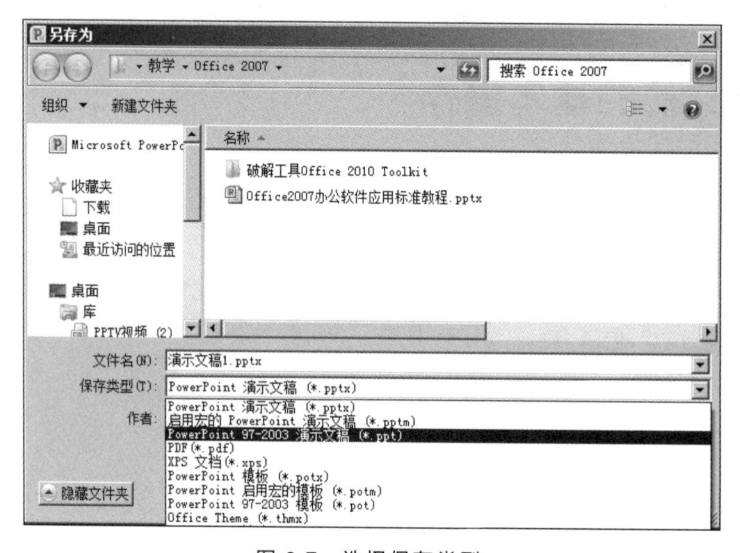

图 3.7 选择保存类型

4. 插入新幻灯片

打开 PowerPoint 时自动出现的单个幻灯片有两个占位符，一个用于标题格式，另一个用于副标题格式。幻灯片上占位符的排列称为布局。若要在演示文稿中插入新幻灯片，请执行下列操作。

（1）在普通视图中包含“大纲”和“幻灯片”选项卡的窗格上，单击“幻灯片”选项卡，然后在打开 PowerPoint 时自动出现的单个幻灯片下单击。

（2）在“开始”选项卡上的“幻灯片”组中，单击“新建幻灯片”旁边的箭头。或者如果用户希望新幻灯片具有对应幻灯片以前具有的相同的布局，只需单击“新建幻灯片”按钮即可，而不必单击其旁边的箭头，如图 3.8 所示。

图 3.8 新建幻灯片

（3）单击“新建幻灯片”或“版式”按钮旁边的箭头后将出现一个库，该库显示了各种可用幻灯片布局的缩略图，如图 3.9 所示，其中的名称标识了每个布局的大致设计。显示彩色图标的占位符可以包含文本，但也可以单击图标自动插入对象，包括 SmartArt 图形和剪贴画（剪贴画是一张现成的图片，经常以位图或绘图图形的组合的形式出现）。

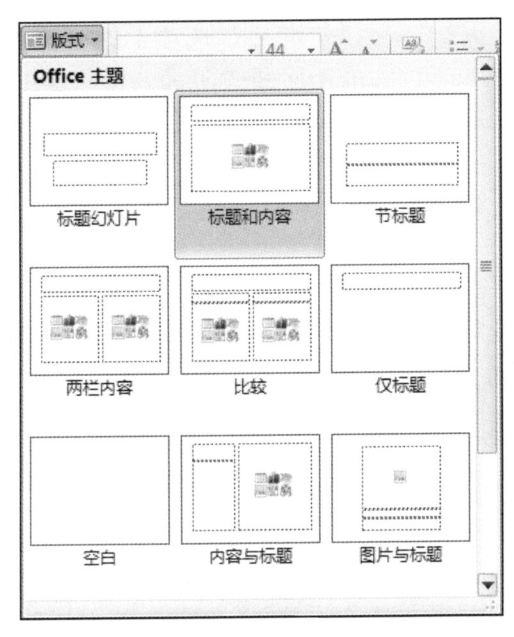

图 3.9　幻灯片布局

（4）新幻灯片建立后会同时显示在“幻灯片”选项卡的左侧（在其中新幻灯片突出显示为当前幻灯片）和“幻灯片”窗格的右侧（突出显示为大幻灯片）。对每个要添加的新幻灯片重复此过程。

5. 对幻灯片应用新布局

要更改现有幻灯片的布局，执行下列操作。

（1）在普通视图中包含“大纲”和“幻灯片”选项卡的窗格上，单击“幻灯片”选项卡，然后单击要将新布局应用于的幻灯片。

（2）在“开始”选项卡上的“幻灯片”组中，单击“布局”，然后单击所需的新布局。

如果用户对幻灯片上已存在的内容应用的布局没有足够的正确种类的占位符，则会自动创建其他占位符来包含该内容。

6. 复制幻灯片

如果用户希望创建两个或多个内容和布局都类似的幻灯片，则可以通过创建一个具有两个幻灯片都共享的所有格式和内容的幻灯片，然后复制该幻灯片来保存工作，最后向每个幻灯片单独添加最终的风格。

（1）在普通视图中包含“大纲”和“幻灯片”选项卡的窗格上，单击“幻灯片”选项卡，右键单击要复制的幻灯片，然后单击“复制”按钮。

（2）在“幻灯片”选项卡上，右键单击要添加幻灯片的新副本的位置，然后单击“粘贴”按钮。还可以使用此过程将幻灯片副本从一个演示文稿插入另一个演示文稿。

7. 重新排列幻灯片的顺序

在普通视图中包含“大纲”和“幻灯片”选项卡的窗格上，单击“幻灯片”选项卡，再单击要移动的幻灯片，然后将其拖动到所需的位置。

要选择多个幻灯片，单击某个要移动的幻灯片，然后按住 Ctrl 键并单击要移动的其他每个幻灯片。

8. 删除幻灯片

在普通视图中包含“大纲”和“幻灯片”选项卡的窗格上，单击“幻灯片”选项卡，右键单击要删除的幻灯片，然后单击“删除幻灯片”按钮。

9. 向幻灯片添加形状

若要在幻灯片中插入形状，执行下列操作。

（1）在“开始”选项卡上的“绘图”组中，单击“形状”按钮。

（2）单击所需形状，接着单击幻灯片中的任意位置，然后拖动以放置形状。

要创建规范的正方形或圆形（或限制其他形状的尺寸），在拖动的同时按住 Shift 键。

操作技巧 3.1 强大的图像效果功能，具体操作扫描二维码查看。

操作技巧 3.2 为演示文稿分节，具体操作扫描二维码查看。

操作技巧 3.3 让图表动起来，具体操作扫描二维码查看。

操作技巧 3.1

操作技巧 3.2

操作技巧 3.3

3.3 演示文稿的放映与打印

用户可以使用 PowerPoint 2010 打印备注页，打印幻灯片（每页一张幻灯片）以及打印演示文稿讲义（每页打印 1 张、2 张、3 张、4 张、6 张或 9 张幻灯片）。图 3.10 所示为每页 3 张幻灯片的讲义，留有空白行供观众记下备注，这样观众既可以在用户进行演示时参考相应的演示文稿，也可以留作以后参考。

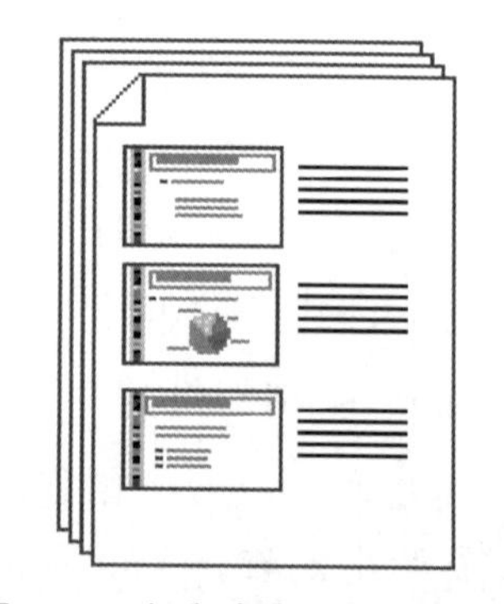
图 3.10 打印多张幻灯片效果图

1. 设置幻灯片大小、页面方向和起始幻灯片编号

仅在要添加内容之前按照以下步骤操作。如果在添加内容之后更改幻灯片的大小或方向，则可能会重新缩放内容。

（1）在“设计”选项卡的“页面设置”组中，单击“页面设置”按钮。

（2）在“幻灯片大小”列表中，单击要打印的纸张的大小。

如果单击“自定义”，则在“宽度”和“高度”框中键入或选择所需的尺寸。要打印投影机透明效果，单击“投影机”按钮。

（3）要为幻灯片设置页面方向，在“方向”下的“幻灯片”下，单击“横向”或“纵向”按钮。

默认情况下，PowerPoint 幻灯片布局显示为横向。虽然一个演示文稿中只能有一个方向（横向或纵向），但用户可以链接两个演示文稿，以便在看似一个的演示文稿中同时显示纵向和横向幻灯片。在“幻灯片编号起始值”框中，输入要在第 1 张幻灯片或讲义上打印的编号，随后的幻灯片编号会在此编号上递增。

2. 设置打印选项，然后打印幻灯片或讲义

若要设置打印选项（包括副本数、打印机、要打印的幻灯片、每页幻灯片数、颜色选项等），然后打印幻灯片，执行以下操作。

（1）单击“文件”选项卡。

（2）单击“打印”按钮，然后在“打印设置”下的“副本”框中输入要打印的副本数。

（3）在“打印机”下，选择要使用的打印机。如果要以彩色打印，务必选择彩色打印机。

（4）在“设置”下，执行以下操作之一。

① 若要打印所有幻灯片，单击“打印全部幻灯片”。

② 若要打印所选的一张或多张幻灯片，单击“打印所选幻灯片”。若要选择多张幻灯片供打印，单击“文件”选项卡，然后在“普通”视图中左侧包含“大纲”和“幻灯片”选项卡的窗格中单击“幻灯片”选项卡，然后按住 Ctrl 键选择所需幻灯片。

③ 若仅打印当前显示的幻灯片，单击“当前幻灯片”。

④ 若要按编号打印特定幻灯片，单击“幻灯片的自定义范围”，然后输入各幻灯片的列表和/或范围。使用无空格的逗号将各个编号隔开。例如，1,3,5-12。

（5）在“其他设置”下，执行下列操作。

① 单击“单面打印”列表，然后选择在纸张的单面还是双面打印。

② 单击“逐份打印”列表，然后选择是否逐份打印幻灯片。

③ 单击“整页幻灯片”列表，然后执行下列操作。

- 若要在一整页上打印一张幻灯片，在“打印版式”下单击“整页幻灯片”。
- 若要以讲义格式在一页上打印一张或多张幻灯片，在“讲义”下单击每页所需的幻灯片数，以及希望按垂直还是水平顺序显示这些幻灯片。若要创建在 PowerPoint 中无法创建的更复杂讲义，可以在 Microsoft Word 2010 中打印讲义。

• 若要在幻灯片周围打印一个细边框，选择“幻灯片加框”。再次单击该项可取消选择，不打印边框。

• 若要在为打印机选择的纸张上打印幻灯片，单击“根据纸张调整大小”。

• 若要增大分辨率、混合透明图形以及在打印作业上打印柔和阴影，单击“高质量”。使用高质量打印时，打印演示文稿所需时间可能较长。为了防止可能造成的计算机性能下降，请在打印完成后清除“高质量”选择。

④ 单击“颜色”列表，然后单击下列颜色之一。

• 颜色：使用此选项在彩色打印机上以彩色打印。若要防止打印彩色背景，执行下列操作之一。

以灰度模式打印幻灯片。有关详细信息，请参阅下文的灰度。

从演示文稿中删除彩色背景。在“设计”选项卡上的“背景”组中，单击“背景样式”，然后选择“样式 1”。

• 灰度：此选项打印的图像包含介于黑色和白色之间的各种灰色色调。背景填充的打印颜色为白色，从而使文本更加清晰（有时灰度的显示效果与“纯黑白”一样）。

• 纯黑白：此选项打印不带灰填充色的讲义。

若要包括或更改页眉和页脚，单击“编辑页眉和页脚”链接，然后在显示的“页眉和页脚”对话框中进行选择，然后单击“打印”即可。

3. 保存打印设置

如果要重置打印选项并将其作为默认设置保留，请执行下列操作。

（1）单击“文件”选项卡。

（2）单击“打印”按钮，然后按照本文的设置打印选项，然后打印幻灯片或讲义部分中所述选择设置。

（3）在“帮助”下，单击“选项→高级”按钮。

（4）在“打印此文档时”下单击“使用最近使用过的打印设置”，然后单击“确定”按钮。

操作技巧 3.4　在演示文稿中控制视频播放效果，具体操作扫描二维码查看。

操作技巧 3.5　制作自己的多媒体个性相册，具体操作扫描二维码查看。

操作技巧 3.6　将 PPT 文档转换为梦幻剧场，具体操作扫描二维码查看。

操作技巧 3.7　让幻灯片自动循环播放，具体操作扫描二维码查看。

操作技巧 3.4

操作技巧 3.5

操作技巧 3.6

操作技巧 3.7

3.4　PowerPoint 2010 案例

【案例 1】制作展馆演示文稿

文慧是新东方学校的人力资源培训讲师，负责对新入职的教师进行入职培训，其 PowerPoint 演示文稿的制作水平广受好评。最近，她应北京节水展馆的邀请，为展馆制作一份宣传水知识及节水工作重要性的演示文稿。节水展馆提供的文字资料及素材参见“水资源利用与节水（素材）.docx”，制作要求如下。

（1）标题页包含演示主题、制作单位（北京节水展馆）和日期（××××年×月×日）。

（2）演示文稿须指定一个主题，幻灯片不少于 5 页，且版式不少于 3 种。

（3）演示文稿中除文字外要有 2 张以上的图片，并有 2 个以上的超链接进行幻灯片之间的跳转。

（4）动画效果要丰富，幻灯片切换效果要多样。

（5）演示文稿播放的全程需要有背景音乐。

（6）将制作完成的演示文稿以“PPT.pptx”为文件名保存在文件夹下（“.pptx”为扩展名）。

具体操作请参照二维码视频讲解。

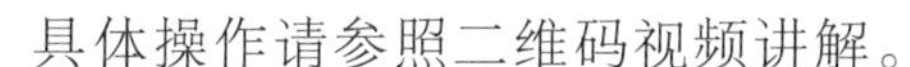

【案例 2】制作图书策划方案的 PPT

为了更好地控制教材编写的内容、质量和流程，小李负责起草了图书策划方案。他需要将图书策划方案 Word 文档中的内容制作为可以向教材编委会进行展示的 PowerPoint 演示文稿。现在，根据图书策划方案中的内容，按照如下要求完成演示文稿的制作。

（1）创建一个新演示文稿，内容需要包含“图书策划方案.docx”文件中所有讲解的要点，包括如下几项。

① 演示文稿中的内容编排，需要严格遵循 Word 文档中的内容顺序，并仅需要包含 Word 文档中应用了“标题 1”“标题 2”“标题 3”样式的文字内容。

② Word 文档中应用了“标题 1”样式的文字，需要成为演示文稿中每页幻灯片的标题文字。

③ Word 文档中应用了“标题 2”样式的文字，需要成为演示文稿中每页幻灯片的第一级文本内容。

④ Word 文档中应用了“标题 3”样式的文字，需要成为演示文稿中每页幻灯片的第二级文本内容。

（2）将演示文稿中的第一页幻灯片，调整为“标题幻灯片”版式。

（3）为演示文稿应用一个美观的主题样式。

（4）在标题为“2017 年同类图书销量统计”的幻灯片页中，插入一个 6 行、5 列的表格，列标题分别为“图书名称”“出版社”“作者”“定价”“销量”。

（5）在标题为“新版图书创作流程示意”的幻灯片页中，将文本框中包含的流程文字利用 SmartArt 图形展现。

（6）在该演示文稿中创建一个演示方案，该演示方案包含第 1、2、4、7 页幻灯片，并将该演示方案命名为“放映方案 1”。

（7）在该演示文稿中创建一个演示方案，该演示方案包含第 1、2、3、5、6 页幻灯片，并将该演示方案命名为“放映方案 2”。

（8）将制作完成的演示文稿以“PPT.pptx”为文件名保存（“.pptx”为扩展名）。

具体操作请参照二维码视频讲解。

【案例 3】制作培训课件

文君是新世界数码技术有限公司的人事专员，国庆节假期过后，公司招聘了一批新员工，需要对他们进行入职培训。人事助理已经制作了一份演示文稿的素材“PPT 素材.pptx”，根据该素材制作培训课件，要求如下。

（1）在文件夹下，将“PPT 素材.pptx”文件另存为“PPT.pptx”（“.pptx”为扩展名），后续操作均基于此文件。

（2）将第 2 张幻灯片版式设为“标题和竖排文字”，将第 4 张幻灯片的版式设为“比较”；为整个演示文稿指定一个恰当的设计主题。

（3）通过幻灯片母版为每张幻灯片增加利用艺术字制作的水印效果，水印文字中应包含“新世界数码”字样，并旋转一定的角度。

（4）根据第 5 张幻灯片右侧的文字内容创建一个组织结构图，其中总经理助理为助理级别，结果应类似 Word 样例文件“组织结构图样例.docx”中所示，并为该组织结构图添加任一动画效果。

（5）为第 6 张幻灯片左侧的文字“员工守则”加入超链接，链接到 Word 素材文件“员工守则.docx”，并为该张幻灯片添加适当的动画效果。

（6）为演示文稿设置不少于 3 种的幻灯片切换方式。

具体操作请参照二维码视频讲解。

【案例 4】根据要求制作 PPT

打开文件夹下的演示文稿 yswg.pptx，根据文件夹下的文件“PPT-素材.docx”，按照下列要求完善此文稿并以原文件名保存在文件夹下。

（1）使文稿包含 7 张幻灯片，设计第 1 张为“标题幻灯片”版式，第 2 张为“仅标题”版式，第 3～6 张为“两栏内容”版式，第 7 张为“空白”版式；所有幻灯片统一设置背景样式，要求有预设颜色。

（2）第 1 张幻灯片标题为“计算机发展简史”，副标题为“计算机发展的 4 个阶段”；第 2 张幻灯片标题为“计算机发展的 4 个阶段”；在标题下面空白处插入 SmartArt

图形，要求含有 4 个文本框，在每个文本框中依次输入“第 1 代计算机”……“第 4 代计算机”，更改图形颜色，适当调整字体字号。

（3）第 3～6 张幻灯片，标题内容分别为素材中各段的标题；左侧内容为各段的文字介绍，加项目符号，右侧为考生文件夹下存放相对应的图片，第 6 张幻灯片需插入两张图片（“第 4 代计算机-1.JPG”在上，“第 4 代计算机-2.JPG”在下）；在第 7 张幻灯片中插入艺术字，内容为“谢谢!”。

（4）为第 1 张幻灯片的副标题、第 3～6 张幻灯片的图片设置动画效果，第 2 张幻灯片的 4 个文本框超链接到相应内容幻灯片；为所有幻灯片设置切换效果。

具体操作请参照二维码视频讲解。

【案例 5】制作课件

学生小曾与小张共同制作一份物理课件，他们制作完成的内容分别保存在“第 3～5 节.pptx”和“第 1～2 节.pptx”文件中。现在，小张需要按下列要求完成课件的整合制作。

（1）分别为演示文稿“第 1～2 节.pptx”和“第 3～5 节.pptx”设置不同的设计主题。

（2）按照顺序，将演示文稿“第 1～2 节.pptx”和“第 3～5 节.pptx”中的所有幻灯片合并到“PPT.pptx”文件中（“.pptx”为扩展名），要求所有幻灯片保留原格式。之后所有操作均基于保存在文件夹下的“PPT.pptx”文件。

（3）在第 3 张幻灯片后插入一张版式为“仅标题”的幻灯片，输入标题文字“物质的状态”，在标题下方插入一个射线列表式关系图，所需图片在考生文件夹中，关系图中的文字请参考“关系图素材及样例.docx”样例文件。为该关系图添加适当的动画效果，要求同一级别的内容同时出现、不同级别的内容先后出现。

（4）在第 6 张幻灯片后插入一张版式为“标题和内容”的幻灯片，输入标题文字“蒸发和沸腾的异同点”，在该张幻灯片中插入与“蒸发和沸腾的异同点.docx”样例文件中所示相同的表格，并为该表格添加适当的动画效果。

（5）将第 4 张、第 7 张幻灯片分别链接到第 3 张、第 6 张幻灯片的相关文字上。

（6）除标题幻灯片外，为其他幻灯片添加编号及页脚，页脚内容为“第 1 章　物态及其变化”。

（7）为幻灯片设置适当的切换方式，以丰富放映效果。

具体操作请参照二维码视频讲解。

【案例 6】制作摄影比赛作品展示 PPT

校摄影社团在今年的摄影比赛结束后，希望可以借助 PowerPoint 将优秀作品在社团活动中进行展示。这些优秀的摄影作品保存在文件夹中，并以 Photo（1）.jpg～Photo（12）.jpg 命名。现在，按照如下需求在 PowerPoint 中完成制作工作。

（1）利用 PowerPoint 应用程序创建一个相册，并包含 Photo(1).jpg～Photo(12).jpg 共 12 幅摄影作品。在每张幻灯片中包含 4 张图片，并将每幅图片设置为“居中矩形阴影”相框形状。

（2）设置相册主题为文件夹中的“相册主题.pptx”样式。

（3）为相册中每张幻灯片设置不同的切换效果。

（4）在标题幻灯片后插入一张新的幻灯片，将该幻灯片设置为“标题和内容”版式。在该幻灯片的标题位置输入“摄影社团优秀作品赏析”；并在该幻灯片的内容文本框中输入 3 行文字，分别为“湖光春色”“冰消雪融”和“田园风光”。

（5）将“湖光春色”“冰消雪融”和“田园风光”3 行文字转换为样式为“蛇形图片题注列表”的 SmartArt 对象，并将 Photo（1）.jpg、Photo（6）.jpg 和 Photo（9）.jpg 定义为该 SmartArt 对象的显示图片。

（6）为 SmartArt 对象添加自左至右的“擦除”进入动画效果，并要求在幻灯片放映时该 SmartArt 对象元素可以逐个显示。

（7）在 SmartArt 对象元素中添加幻灯片跳转链接，使得单击“湖光春色”标注形状可跳转至第 3 张幻灯片，单击“冰消雪融”标注形状可跳转至第 4 张幻灯片，单击“田园风光”标注形状可跳转至第 5 张幻灯片。

（8）将文件夹中的“ELPHRG01.wav”声音文件作为该相册的背景音乐，并在幻灯片放映时即开始播放。

（9）将该相册以文件名“PPT.pptx”（“.pptx”为扩展名）保存在文件夹下。

具体操作请参照二维码视频讲解。

【案例 7】制作云计算技术的演示文稿

随着云计算技术的不断演变，IT 助理小李希望为客户整理一份演示文稿，传递云计算技术对客户的价值。请根据考生文件夹下“PPT 素材.docx”中的内容，帮助小李完成该演示文稿的制作。具体要求如下。

（1）在文件夹下，新建名为“PPT.pptx”的文件（“.pptx”为扩展名），后续操作均基于此文件。

（2）将“PPT 素材.docx”文件中每个矩形框中的文字及图片设计为 1 张幻灯片，为演示文稿插入幻灯片编号，与矩形框前的序号一一对应。

（3）第 1 张幻灯片作为标题页，标题为“云计算简介”，并将其设为艺术字，在本页幻灯片中包含制作日期（格式：××××年××月××日），并指明制作者为“考生×××”。第 9 张幻灯片中的“敬请批评指正！”采用艺术字。

（4）设置该演示文稿中幻灯片版式至少有 3 种，并为演示文稿选择一个合适的主题。

（5）为第 2 张幻灯片中的每项内容插入超链接，单击链接时转到相应幻灯片。

（6）第 5 张幻灯片中的文字内容采用“组织结构图”SmartArt 图形表示，最上级内容为“云计算的 5 个主要特征”，其下级依次为具体的 5 个特征。

（7）为每张幻灯片中的对象添加动画效果，并在此演示文稿中设置 3 种以上幻灯片切换效果。

（8）为了达到较好的图文混排效果，适当增加第 6～8 页中图片的显示比例。

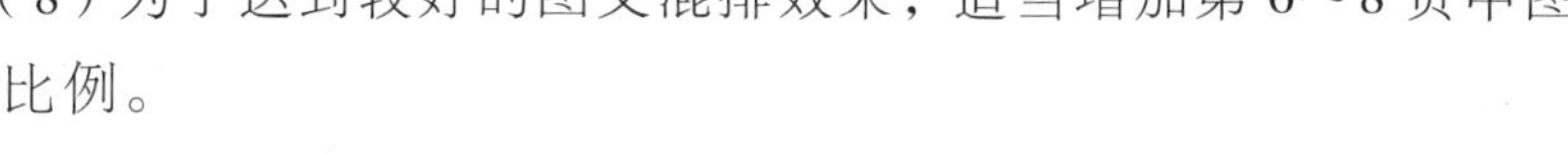

具体操作请参照二维码视频讲解。

【案例 8】制作景点介绍的 PPT

为进一步提升北京旅游行业整体队伍素质，打造高水平、懂业务的旅游景区建设与管理队伍，北京旅游局将为工作人员进行一次业务培训，主要围绕“北京主要景点”进行介绍，包括文字、图片、音频等内容。请根据文件夹下的素材文档“北京主要景点介绍-文字.docx”，帮助主管人员完成制作任务，具体要求如下。

（1）在文件夹下，新建一份演示文稿，文件名为“PPT.pptx”（“.pptx”为扩展名），后续操作均基于此文件。

（2）第 1 张标题幻灯片中的标题设置为“北京主要旅游景点介绍”，副标题为“历史与现代的完美融合”。

（3）在第 1 张幻灯片中插入歌曲“北京欢迎你.mp3”，要求在幻灯片放映期间，音乐一直播放，并设置声音图标在放映时隐藏。

（4）第 2 张幻灯片的版式为“标题和内容”，标题为“北京主要景点”，在文本区域中以项目符号列表方式依次添加下列内容：天安门、故宫博物院、八达岭长城、颐和园、鸟巢。

（5）自第 3 张幻灯片开始按照天安门、故宫博物院、八达岭长城、颐和园、鸟巢的顺序依次介绍北京各主要景点，相应的文字素材“北京主要景点介绍-文字.docx”以及图片文件均存放于文件夹下，要求每个景点介绍占用一张幻灯片。

（6）最后一张幻灯片的版式设置为“空白”，并插入艺术字“谢谢”。

（7）将第 2 张幻灯片列表中的内容分别超链接到后面对应的幻灯片，并添加返回到第 2 张幻灯片的动作按钮。

（8）为演示文稿选择一种设计主题，要求字体和整体布局合理、色调统一，为每张幻灯片设置不同的幻灯片切换效果以及文字和图片的动画效果。

（9）除标题幻灯片外，其他幻灯片的页脚均包含幻灯片编号、日期和时间。

（10）设置演示文稿放映方式为“循环放映，按 Esc 键终止”，换片方式为“手动”。

具体操作请参照二维码视频讲解。

【案例 9】制作会议日程和主题播放的 PPT

公司计划在“创新产品展示及说明会”会议茶歇期间，在大屏幕投影上向来宾自动播放会议的日程和主题，要求市场部助理小王完成相关演示文件的制作。具体要求如下。

（1）在文件夹下，将“PPT 素材.pptx”文件另存为“PPT.pptx”（“.pptx”为扩展名），后续操作均基于此文件。

（2）由于文字内容较多，将第 7 张幻灯片中的内容区域文字自动拆分为 2 张幻灯片进行展示。

（3）为了布局美观，将第 6 张幻灯片中的内容区域文字转换为“水平项目符号列表”SmartArt 布局，并设置该 SmartArt 样式为“中等效果”。

（4）在第 5 张幻灯片中插入一个标准折线图，并按照表 3.1 所示数据信息调整 PowerPoint 中的图表内容。

表 3.1　　要求

年份	笔记本电脑	平板电脑	智能手机
2010	7.6	1.4	1.0
2011	6.1	1.7	2.2
2012	5.3	2.1	2.6
2013	4.5	2.5	3
2014	2.9	3.2	3.9

（5）为该折线图设置“擦除”进入动画效果，效果选项为“自左侧”，按照“系列”逐次单击显示“笔记本电脑”“平板电脑”和“智能手机”的使用趋势。最终，仅在该幻灯片中保留这 3 个系列的动画效果。

（6）为演示文档中的所有幻灯片设置不同的切换效果。

（7）为演示文档创建 3 个节，其中“议程”节中包含第 1 张和第 2 张幻灯片，“结束”节中包含最后 1 张幻灯片，其余幻灯片包含在“内容”节中。

（8）为了实现幻灯片可以自动放映，设置每张幻灯片的自动放映时间不少于 2 秒。

（9）删除演示文档中每张幻灯片的备注文字信息。

具体操作请参照二维码视频讲解。

【案例 10】制作培训课件

某会计网校的刘老师正在准备有关《小企业会计准则》的培训课件，她的助手已搜集并整理了一份该准则的相关资料存放在 Word 文档“《小企业会计准则》培训素材.docx”中。按下列要求帮助刘老师完成 PPT 课件的整合制作。

（1）在文件夹下，创建一个名为“PPT.pptx”（“.pptx”为扩展名）的新演示文稿，后续操作均基于此文件。该演示文稿需要包含 Word 文档“《小企业会计准则》培训素材.docx”中的所有内容，每 1 张幻灯片对应 Word 文档中的 1 页，其中 Word 文档中应用了“标题 1”“标题 2”“标题 3”样式的文本内容分别对应演示文稿中的每页幻灯片的标题文字、第一级文本内容、第二级文本内容。

（2）将第 1 张幻灯片的版式设为“标题幻灯片”，在该幻灯片的右下角插入任意一幅剪贴画，依次为标题、副标题和新插入的图片设置不同的动画效果，并且指定动画出现顺序为图片、标题、副标题。

（3）取消第 2 张幻灯片中文本内容前的项目符号，并将最后两行落款和日期右对齐。将第 3 张幻灯片中用绿色标出的文本内容转换为“垂直框列表”类的 SmartArt 图形，并分别将每个列表框链接到对应的幻灯片。将第 9 张幻灯片的版式设为“两栏内容”，并在右侧的内容框中插入对应素材文档第 9 页中的图形。将第 14 张幻灯片最后一段文字向右缩进两个级别，并链接到文件“小企业准则适用行业范围.docx”。

（4）将第 15 张幻灯片自“（二）定性标准”开始拆分为标题同为“二、统一中小企业划分范畴”的两张幻灯片，并参考原素材文档中的第 15 页内容将前 1 张幻灯片中的红色文字转换为一个表格。

（5）将素材文档第 16 页中的图片插入到对应幻灯片中，并适当调整图片大小。将最后一张幻灯片的版式设为“标题和内容”、将图片 pic1.gif 插入内容框中并适当调整其大小。将倒数第 2 张幻灯片的版式设为“内容与标题”，参考素材文档第 18 页中的样例，在幻灯片右侧的内容框中插入 SmartArt 不定向循环图，并为其设置一个逐项出现的动画效果。

（6）将演示文稿按表 3.2 所示要求分为 5 节，并为每节应用不同的设计主题和幻灯片切换方式。

表 3.2　要求

节名	包含的幻灯片/张
小企业准则简介	1～3
准则的颁布意义	4～8
准则的制定过程	9
准则的主要内容	10～18
准则的贯彻实施	19～20

具体操作请参照二维码视频讲解。

【案例 11】根据要求制作 PPT

根据提供的素材及设计要求文件“PPT 素材及设计要求.docx”设计制作演示文稿，具体要求如下。

（1）新建演示文稿，并以“PPT.pptx”为文件名保存在考生文件夹下（“.pptx”为扩展名），后续操作均基于此文件。其中每页幻灯片对应素材及设计要求文件“PPT 素材及设计要求.docx”中的序号列，并为演示文稿选择一种内置主题。

（2）第 1 页为标题幻灯片，有标题“学习型社会的学习理念”、制作单位“计算机教研室”、制作日期（格式：××××年××月××日），并调整美化。

（3）第 2 页幻灯片为目录页，采用 SmartArt 图形中的垂直框列表来表示演示文稿要介绍的 3 项内容，并为每项内容插入超链接，单击时转到相应幻灯片。

（4）第 3、4、5 页幻灯片介绍具体内容，要求包含对应“PPT 素材及设计要求.docx”文件中的所有文字，第 4 页幻灯片包含一幅图片。

（5）演示文稿将用于面对面的教学，应按素材及设计要求文件中的动画类别设计动画，出现先后顺序合理。

（6）幻灯片要有 4 种以上版式。

（7）通过使用字体、字号、颜色等多种手段，突出显示重点内容（素材中加粗部分）。

（8）第 6 页幻灯片为空白版式，修改该页背景颜色，该页中包含文字“结束”为艺术字，动画为动作路径中的圆形形状。

具体操作请参照二维码视频讲解。

【案例 12】制作一个关于“天河二号”超级计算机的演示文档

李老师希望制作一个关于“天河二号”超级计算机的演示文档，用于拓展学生课堂知识。根据考生文件夹下“PPT 素材.docx”及相关图片文件素材，帮助李老师完成此项工作，具体要求如下。

（1）在文件夹下，创建一个名为“PPT.pptx”的演示文稿（“.pptx”为扩展名），并应用一个色彩合理、美观大方的设计主题，后续操作均基于此文件。

（2）第 1 张幻灯片为标题幻灯片，标题为“天河二号超级计算机”，副标题为“——2014 年再登世界超算榜首”。

（3）第 2 张幻灯片应用“两栏内容”版式，左边一栏为文字，右边一栏为图片，图片为素材文件“Image1.jpg”。

（4）第 3～7 张幻灯片均为“标题和内容”版式，“PPT 素材.docx”文件中的黄底文字即为相应幻灯片的标题文字。将第 4 张幻灯片的内容设为“垂直块列表”SmartArt 图形对象，“PPT 素材.docx”文件中红色文字为 SmartArt 图形对象一级内容，蓝色文字为 SmartArt 图形对象二级内容。为该 SmartArt 图形设置组合图形“逐个”播放动画效果，并将动画的开始时间设置为“上一动画之后”。

（5）利用相册功能为考生文件夹下的“Image2.jpg”～“Image9.jpg”8 张图片创建相册幻灯片，要求每张幻灯片 4 张图片，相框的形状为“居中矩形阴影”，相册标题为“六、图片欣赏”。将该相册中的所有幻灯片复制到“PPT.pptx”文档的第 8～10 张。

（6）将演示文稿分为 4 节，节名依次为“标题”（该节包含第 1 张幻灯片）、“概况”（该节包含第 2～3 张幻灯片）、“特点、参数等”（该节包含第 4～7 张幻灯片）、“图片欣赏”（该节包含第 8～10 张幻灯片）。每节内的幻灯片均为同一种切换方式，节与节的幻灯片切换方式不同。

（7）除标题幻灯片外，其他幻灯片均包含页脚且显示幻灯片编号。所有幻灯片中除了标题和副标题，其他文字字体均设置为“微软雅黑”。

（8）设置该演示文档为循环放映方式，如若不单击鼠标，则每页幻灯片放映 10 秒后自动切换至下一张。

具体操作请参照二维码视频讲解。

【案例 13】制作产品的宣传文稿

在某展会的产品展示区，公司计划在大屏幕投影上向来宾自动播放并展示产品信息，因此需要市场部助理小王完善产品宣传文稿的演示内容。

按照如下需求，在 PowerPoint 中完成制作工作。

（1）在文件夹下，打开素材文件“PPT 素材.pptx”，将其另存为“PPT.pptx”（“.pptx”为扩展名），之后所有的操作均在“PPT.pptx”文件中进行。

（2）将演示文稿中的所有中文文字字体由“宋体”替换为“微软雅黑”。

（3）为了布局美观，将第 2 张幻灯片中的内容区域文字转换为“基本维恩图”SmartArt 布局，更改 SmartArt 的颜色，并设置该 SmartArt 样式为“强烈效果”。

（4）为上述 SmartArt 图形设置由幻灯片中心进行“缩放”的进入动画效果，并要求自上一动画开始之后自动、逐个展示 SmartArt 中的 3 点产品特性文字。

（5）为演示文稿中的所有幻灯片设置不同的切换效果。

（6）将文件夹中的声音文件“BackMusic.mid”作为该演示文稿的背景音乐，并要求在幻灯片放映时即开始播放，至演示结束后停止。

（7）为演示文稿最后一页幻灯片右下角的图形添加指向网址“www.microsoft.com”的超链接。

（8）为演示文稿创建 3 个节，其中“开始”节中包含第 1 张幻灯片，“更多信息”节中包含最后一张幻灯片，其余幻灯片均包含在“产品特性”节中。

（9）为了实现幻灯片可以在展台自动放映，设置每张幻灯片的自动放映时间为 10 秒。

具体操作请参照二维码视频讲解。

【案例 14】制作会议宣传 PPT

在会议开始前，市场部助理小王希望在大屏幕投影上向与会者自动播放本次会议所传递的办公理念，按照如下要求完成该演示文稿的制作。

（1）在文件夹下，打开“PPT 素材.pptx”文件，将其另存为“PPT.pptx”（“.pptx”为扩展名），之后所有的操作均基于此文件。

（2）将演示文稿中第 1 页幻灯片的背景图片应用到第 2 页幻灯片。

（3）将第 2 页幻灯片中的“信息工作者”“沟通”“交付”“报告”“发现”5 段文字内容转换为“射线循环”SmartArt 布局，更改 SmartArt 的颜色，并设置该 SmartArt 样式为“强烈效果”。调整其大小，并将其放置在幻灯片页的右侧位置。

（4）为上述 SmartArt 智能图示设置由幻灯片中心进行“缩放”的进入动画效果，并要求上一动画开始之后自动、逐个展示 SmartArt 中的文字。

（5）在第 5 页幻灯片中插入“饼图”图形，用以展示如表 3.3 所示沟通方式所占的比例。为饼图添加系列名称和数据标签，调整大小并放于幻灯片适当位置。设置该图表的动画效果为按类别逐个扇区上浮进入效果。

表 3.3　　比例表

消息沟通	24%
会议沟通	36%
语音沟通	25%
企业社交	15%

（6）将文档中的所有中文文字字体由“宋体”替换为“微软雅黑”。

（7）为演示文档中的所有幻灯片设置不同的切换效果。

（8）将考试文件夹中的“BackMusic.mid”声音文件作为该演示文档的背景音乐，并要求在幻灯片放映时即开始播放，至演示结束后停止。

（9）为了实现幻灯片可以在展台自动放映，设置每张幻灯片的自动放映时间为 10 秒。

具体操作请参照二维码视频讲解。

【案例 15】根据要求制作一份关于日月潭的演示文稿

文小雨加入了学校的旅游社团组织，正在参与组织暑期到日月潭的夏令营活动，现在需要制作一份关于日月潭的演示文稿。根据以下要求，完成演示文稿的制作。

（1）新建一个空白演示文稿，命名为“PPT.pptx”（“.pptx”为扩展名），并保存在文件夹中，此后的操作均基于此文件。

（2）演示文稿包含 8 张幻灯片，第 1 张版式为“标题幻灯片”，第 2、第 3、第 5 和第 6 张为“标题和内容版式”，第 4 张为“两栏内容”版式，第 7 张为“仅标题”版式，第 8 张为“空白”版式；每张幻灯片中的文字内容，可以从文件夹下的“PPT_素材.docx”文件中找到，并参考样例效果将其置于适当的位置；对所有幻灯片应用名称为“流畅”的内置主题；将所有文字的字体统一设置为“幼圆”。

（3）在第 1 张幻灯片中，参考样例将考生文件夹下的“图片 1.png”插入到适合的位置，并应用恰当的图片效果。

（4）将第 2 张幻灯片中标题下的文字转换为 SmartArt 图形，布局为“垂直曲型列表”，并应用“白色轮廓”的样式，字体为幼圆。

（5）将第 3 张幻灯片中标题下的文字转换为表格，表格的内容参考样例文件，取消表格的标题行和镶边行样式，并应用镶边列样式；表格单元格中的文本水平和垂直方向都居中对齐，中文设为“幼圆”字体，英文设为“Arial”字体。

（6）在第 4 张幻灯片的右侧，插入文件夹下名为“图片 2.png”的图片，并应用“圆形对角，白色”的图片样式。

（7）参考样例文件效果，调整第 5 和第 6 张幻灯片标题下文本的段落间距，并添加或取消相应的项目符号。

（8）在第 5 张幻灯片中，插入文件夹下的“图片 3.png”和“图片 4.png”，参考样例文件，将它们置于幻灯片中适合的位置；将“图片 4.png”置于底层，并对“图片 3.png”（游艇）应用“飞入”的进入动画效果，以便在播放到此张幻灯片时，游艇能够自动从左下方进入幻灯片页面；在游艇图片上方插入“椭圆形标注”，使用短划线轮廓，并在其中输入文本“开船啰！”，然后为其应用一种适合的进入动画效果，并使其在游艇飞入页面后能自动出现。

（9）在第 6 张幻灯片的右上角，插入文件夹下的“图片 5.gif”，并将其到幻灯片上侧边缘的距离设为 0 厘米。

（10）在第 7 张幻灯片中，插入文件夹下的“图片 6.png”“图片 7.png”和“图片 8.png”，参考样例文件，为其添加适当的图片效果并进行排列，将它们顶端对齐，图片之间的水平间距相等，左右两张图片到幻灯片两侧边缘的距离相等；在幻灯片右上角插入考生文件夹下的“图片 9.gif”，并将其顺时针旋转 300°。

（11）在第 8 张幻灯片中，将考生文件夹下的“图片 10.png”设为幻灯片背景，并将幻灯片中的文本应用一种艺术字样式，文本居中对齐，字体为“幼圆”；为文本框添加白色填充色和透明效果。

（12）为演示文稿第 2～8 张幻灯片添加“涟漪”的切换效果，首张幻灯片无切换效果；为所有幻灯片设置自动换片，换片时间为 5 秒；为除首张幻灯片之外的所有幻灯片添加编号，编号从“1”开始。

具体操作请参照二维码视频讲解。

【案例 16】完成 PPT 课件的整合制作

某注册会计师协会培训部的魏老师正在准备有关审计业务档案管理的培训课件，她的助手已搜集并整理了一份相关资料存放在 Word 文档“PPT_素材.docx”中。按下列要求帮助魏老师完成 PPT 课件的整合制作。

（1）在文件夹下创建一个名为“PPT.pptx”的新演示文稿（“.pptx”为扩展名），后续操作均基于此文件。该演示文稿需要包含 Word 文档“PPT_素材.docx”中的所有内容，Word 素材文档中的红色文字、绿色文字、蓝色文字分别对应演示文稿中每页幻灯片的标题文字、第一级文本内容、第二级文本内容。

（2）将第 1 张幻灯片的版式设为“标题幻灯片”，在该幻灯片的右下角插入任意一幅剪贴画，依次为标题、副标题和新插入的图片设置不同的动画效果、其中副标题作为一个对象发送，并且指定动画出现顺序为图片、副标题、标题。

（3）将第 3 张幻灯片的版式设为“两栏内容”，在右侧的文本框中插入考生文件夹下的 Excel 文档“业务报告签发稿纸.xlsx”中的模板表格，并保证该表格内容随 Excel 文档的改变而自动变化。

（4）将第 4 张幻灯片“业务档案管理流程图”中的文本转换为 Word 素材中示例图所示的 SmartArt 图形，并适当更改其颜色和样式。为本张幻灯片的标题和 SmartArt 图形添加不同的动画效果，并令 SmartArt 图形伴随着“风铃”声逐个级别顺序飞入。为 SmartArt 图形中“建立业务档案”下的文字“案卷封面、备考表”添加链接到考生文件夹下的 Word 文档“封面备考表模板.docx”超链接。

（5）将标题为“七、业务档案的保管”所属的幻灯片拆分为 3 张，其中“（一）～（三）”为 1 张、（四）及下属内容为 1 张，（五）及下属内容为 1 张，标题均为“七、业务档案的保管”。为“（四）业务档案保管的基本方法和要求”所在的幻灯片添加备注“业务档案保管需要做好的八防工作：防火、防水、防潮、防霉、防虫、防光、防尘、防盗”。

（6）在每张幻灯片的左上角添加协会的标志图片 Logol.png，设置其位于最底层以免遮挡标题文字。除标题幻灯片外，其他幻灯片均包含幻灯片编号，自动更新的日期、日期格式为××××年××月××日。

（7）将演示文稿按表 3.4 的要求分为 3 节，分别为每节应用不同的设计主题和幻灯片切换方式。

表 3.4　　要求

节名	包含的幻灯片
档案管理概述	1～4
归档和整理	5～8
档案保管和销毁	9～13

具体操作请参照二维码视频讲解。

【案例 17】制作有关儿童孤独症的培训课件

张老师正在准备有关儿童孤独症的培训课件，按照下列要求帮助张老师组织资料、完成该课件的制作。

（1）在文件夹下，将“PPT 素材.pptx”文件另存为“PPT.pptx”（“.pptx”为扩展名），后续操作均基于此文件。

（2）依据文件夹下文本文件“1～3 张素材.txt”中的大纲，在演示文稿最前面新建 3 张幻灯片，其中“儿童孤独症的干预与治疗”“目录”“基本介绍”3 行内容为幻灯片标题，其下方的内容分别为各自幻灯片的文本内容。

（3）为演示文稿应用设计主题“聚合”；将幻灯片中所有中文字体设置为“微软雅黑”；在幻灯片母版右上角的相同位置插入任一剪贴画，改变该剪贴画的图片样式、为其重新着色，并使其不遮挡其他文本或对象。

（4）将第 1 张幻灯片的版式设为“标题幻灯片”，为标题和副标题分别指定动画效果，其顺序为：单击时标题以“飞入”方式进入后 3 秒副标题自动以任意方式进入，5 秒后标题自动以“飞出”方式退出，接着 3 秒后副标题再自动以任意方式退出。

（5）设置第 2 张幻灯片的版式为“图片与标题”，将文件夹下的图片“pic1.jpg”插入到幻灯片图片框中；为该页幻灯片目录内容应用格式为 1、2、3…的编号，并分为两栏，适当增大其字号；为目录中的每项内容分别添加可跳转至相应幻灯片的超链接。

（6）将第 3 张幻灯片的版式设为“两栏内容”、背景设为“样式 5”；在右侧的文本框中插入一个表格，将“基本信息（见表）”下方的 5 行 2 列文本移动到右侧表格中，并根据内容适当调整表格大小。

（7）将第 6 张幻灯片拆分为 4 张标题相同、内容分别为 1～4 四点表现的幻灯片。

（8）将第 11 张幻灯片中的文本内容转换为“表层次结构”SmartArt 图形，适当更改其文字方向、颜色和样式；为 SmartArt 图形添加动画效果，令 SmartArt 图形伴随着“风铃”声逐个按分支顺序“弹跳”式进入；将左侧的红色文本作为该张幻灯片的备注文字。

（9）除标题幻灯片外，其他幻灯片均包含幻灯片编号和内容为“儿童孤独症的干预与治疗”的页脚。将考生文件夹下“结束片.pptx”中的幻灯片作为 PPT.pptx 的最后一张幻灯片，并保留原主题格式；为所有幻灯片均应用切换效果。

具体操作请参照二维码视频讲解。

【案例 18】制作有关赛事宣传的演示文稿

北京市节能环保低碳创业大赛组委会委托李老师制作有关赛事宣传的演示文稿，用于展台自动播放。按照下列要求帮助李老师组织材料完成演示文稿的整合制作，制作完成的文档共包含 12 张幻灯片。

（1）根据文件夹下的 Word 文档“PPT 素材.docx”创建初始包含 13 张幻灯片、名为“PPT.pptx”的演示文稿（“.docx”“.pptx”均为文件扩展名），其对应关系如表 3.5 所示。令新生成的演示文稿“PPT.pptx”不包含有原素材中的任何格式，之后所有的操作均基于此文件。

表 3.5　　要求

Word 文本颜色	对应 PPT 内容
红色	标题
蓝色	第一级文本
绿色	第二级文本
黑色	备注文本

（2）创建一个名为“环境保护”的幻灯片母版，对该幻灯片母版进行下列设计。

① 仅保留“标题幻灯片”“标题和内容”“节标题”“空白”“标题和竖排文字”和“标题和文本”6 个默认版式。

② 在最下面增加一个名为“标题和 SmartArt 图形”的新版式，并在标题框下添加 SmartArt 占位符。

③ 设置幻灯片中所有中文字体为“微软雅黑”，西文字体为“Calibri”。

④ 将所有幻灯片中一级文本的颜色设为标准蓝色、项目符号替换为图片“Bullet.png”。

⑤ 将文件夹下的图片“Background.jpg”作为“标题幻灯片”版式的背景、透明度 65%。

⑥ 设置除标题幻灯片外其他版式的背景为渐变填充“雨后初晴”；插入图片“Pic.jpg”，设置该图片背景色透明，并令其对齐幻灯片的右侧和下部，不要遮挡其他内容。

⑦ 为演示文稿“PPT.pptx”应用新建的设计主题“环境保护”。

（3）为第 1 张幻灯片应用“标题幻灯片”版式。为其中的标题和副标题分别指定动画效果，其顺序为：单击时标题在 5 秒内自左上角飞入，同时副标题以相同的速度自右下角飞入，4 秒后标题与副标题同时自动在 3 秒内沿原方向飞出。将素材中的黑色文本作为标题幻灯片的备注内容，在备注文字下方添加图片“Remark.png”，并适当调整其大小。

（4）将第 3 张幻灯片中的文本转换为字号 60 磅、字符间距加宽至 20 磅的“填充-红色，强调文字颜色 2，暖色粗糙棱台”样式的艺术字，文本效果转换为“朝鲜鼓”，且位于幻灯片的正中间。

（5）将第 5 张幻灯片的版式设为“节标题”；在其中的文本框中创建目录，内容分别为 6～8 张幻灯片的标题，并令其分别链接到相应的幻灯片。

（6）将第 9、10 两张幻灯片合并为一张，并应用版式“标题和 SmartArt 图形”；将合并后的文本转换为“垂直块列表”布局的 SmartArt 图形，适当调整其颜色和样式，并为其添加任一动画效果。

（7）将第 10 张幻灯片的版式设为“标题和竖排文字”，并令文本在文本框中左对齐。为最后一张幻灯片应用“空白”版式，将其中包含联系方式的文本框左右居中，并为其中的文本设置动画效果，令其按第二级文本段落逐字弹跳式进入幻灯片。

（8）将第 5～8 张幻灯片组织为一节，节名为“参赛条件”，为该节应用设计主题“暗香扑面”。为演示文稿不同的节应用不同的切换方式，所有幻灯片均每隔 5 秒自动换片。

（9）设置演示文稿由观众自行浏览且自动循环播放。

具体操作请参照二维码视频讲解。

【案例 19】制作一份介绍世界动物日的演示文稿

在某动物保护组织就职的张宇要制作一份介绍世界动物日的 PowerPoint 演示文稿。按照下列要求，完成演示文稿的制作。

（1）在文件夹下新建一个空白演示文稿，将其命名为“PPT.pptx”（“.pptx”为文件扩展名），之后所有的操作均基于此文件。

（2）将幻灯片大小设置为“全屏显示（16:9）”，然后按照如下要求修改幻灯片母版。

① 将幻灯片母版名称修改为“世界动物日”；母版标题应用“填充-白色，轮廓-

强调文字颜色 1”的艺术字样式，文本轮廓颜色为“蓝色，强调文字颜色 1”，字体为“微软雅黑”，并应用加粗效果；母版各级文本样式设置为“方正姚体”，文字颜色为“蓝色，强调文字颜色 1”。

② 使用“图片 1.png”作为标题幻灯片版式的背景。

③ 新建名为“世界动物日 1”的自定义版式，在该版式中插入“图片 2.png”，并对齐幻灯片左侧边缘；调整标题占位符的宽度为 17.6 厘米，将其置于图片右侧；在标题占位符下方插入内容占位符，宽度为 17.6 厘米，高度为 9.5 厘米，并与标题占位符左对齐。

④ 依据“世界动物日 1”版式创建名为“世界动物日 2”的新版式，在“世界动物日 2”版式中将内容占位符的宽度调整为 10 厘米（保持与标题占位符左对齐）；在内容占位符右侧插入宽度为 7.2 厘米、高度为 9.5 厘米的图片占位符，并与左侧的内容占位符顶端对齐，与上方的标题占位符右对齐。

（3）演示文稿共包含 7 张幻灯片，所涉及的文字内容保存在“文字素材.docx”文档中，具体所对应的幻灯片可参见“完成效果.docx”文档所示样例。其中第 1 张幻灯片的版式为“标题幻灯片”，第 2 张幻灯片、第 4～7 张幻灯片的版式为“世界动物日 1”，第 3 张幻灯片的版式为“世界动物日 2”；所有幻灯片中的文字字体保持与母版中的设置一致。

（4）将第 2 张幻灯片中的项目符号列表转换为 SmartArt 图形，布局为“垂直曲形列表”，图形中的字体为“方正姚体”；为 SmartArt 图形中包含文字内容的 5 个形状分别建立超链接，链接到后面对应内容的幻灯片。

（5）在第 3 张幻灯片右侧的图片占位符中插入图片“图片 3.jpg”；对左侧的文字内容和右侧的图片添加“淡出”进入动画效果，并设置在放映时左侧文字内容首先自动出现，在该动画播放完毕且延迟 1 秒后，右侧图片再自动出现。

（6）将第 4 张幻灯片中的文字转换为 8 行 2 列的表格，适当调整表格的行高、列宽以及表格样式；设置文字字体为“方正姚体”，字体颜色为“白色，背景 1”；并应用图片“表格背景.jpg”作为表格的背景。

（7）在第 7 张幻灯片的内容占位符中插入视频“动物相册.wmv”，并使用图片“图片 1.png”作为视频剪辑的预览图像。

（8）在第 1 张幻灯片中插入“背景音乐.mid”文件作为第 1～6 张幻灯片的背景音乐（即第 6 张幻灯片放映结束后背景音乐停止），放映时隐藏图标。

（9）为演示文稿中的所有幻灯片应用一种恰当的切换效果，并设置第 1～6 张幻灯片的自动换片时间为 10 秒，第 7 张幻灯片的自动换片时间为 50 秒。

（10）为演示文稿插入幻灯片编号，编号从 1 开始，标题幻灯片中不显示编号。

（11）将演示文稿中的所有文本“法兰西斯”替换为“方济各”，并在第 1 张幻灯片中添加批注，内容为“圣方济各又称圣法兰西斯”。

（12）删除“标题幻灯片”“世界动物日 1”和“世界动物日 2”之外的其他幻灯片版式。

具体操作请参照二维码视频讲解。

参考文献

肖朝晖．大学计算机．北京：清华大学出版社，2015.
肖朝晖．大学计算机实验指导．北京：清华大学出版社，2015.